高等院校
计算机技术系列教材

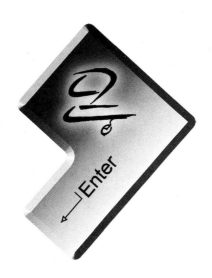

多媒体技术与应用

方明科 倪永军 汪金友 李蕾 冯岩 编著

武汉大学出版社

高等院校计算机技术系列教材
编委会

主 任
魏长华

副 主 任
朱定华　金汉均

委 员
（按姓氏笔画为序）

王敬华　王淑礼　汪金友　吴黎兵　张晓春
杜　威　倪永军　姚春荣　胡新和　胡艳蓉
岑柏兹　曾　志　鲍　琼　戴上平　魏　敏
魏媛媛

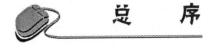

总 序

　　进入 21 世纪以来，人类已步入了知识经济的时代。作为知识经济重要组成部分的信息产业已经成为全球经济的主导产业。计算机科学与技术在信息产业中占据了极其重要的地位，计算机技术的进步直接促进了信息产业的发展。在国内，随着社会主义市场经济的高速发展，国民生活水平的不断提高，尤其 IT 行业在国民经济中的迅猛渗透和延伸，越来越需要大量从事计算机技术方面工作的高级人才加盟充实。

　　另一方面，随着我国教育改革的不断深入，高等教育已经完成了从精英教育向大众化教育的转变，在校大学本科和专科计算机专业学生的人数大量增加，接受计算机科学与技术教育的对象发生了变化。我国的高等教育进入了前所未有的大发展时期，时代的进步与发展对高等教育提出了更高、更新的要求。早在 2001 年 8 月，教育部就颁发了《关于加强高等学校本科教学工作，提高教学质量的若干意见》。文件明确指出，本科教育是高等教育的主体和基础，抓好本科教学是提高整个高等教育质量的重点和关键。2007 年 1 月，教育部和财政部又联合启动了"高等学校本科教学质量与教学改革工程"（以下简称"质量工程"）。"质量工程"以提高高等学校本科教学质量为目标，以推进改革和实现优质资源共享为手段，按照"分类指导、鼓励特色、重在改革"的原则，加强内涵建设，提升我国高等教育的质量和整体实力。

　　本科教学质量工程的启动对高等院校从事计算机科学与技术教学的教师提出了一个新的课题：如何在新形势下培养高素质创新型的计算机专业人才，以适应于社会进步的需要，适应于国民经济的发展，增强高新技术领域在国际上的竞争力。

　　毋庸置疑，教材建设是"本科教学质量工程"的重要内容之一。新时期计算机专业教材应做到以培养学生会思考问题、发现问题、分析问题和解决问题的实际能力为干线，以理论教学与实际操作相结合，"案例、实训"与应用问题相结合，课程学习与就业相结合为理念，设计学生的知识结构、能力结构、素质结构的人才培养方案。为了适应新形势对人才培养提出的要求，在教材的建设上，应该体现内容的科学性、先进性、思维性、启发性和实用性，突出中国学生学习计算机专业的特点和优势，做到"够用、能用、实用、活用"。这就需要从总体上优化课程结构，构造脉络清晰的课程群；精练教学内容，设计实用能用的知识点；夯实专业基础，增强灵活应用的支撑力；加强实践教学，体现理论实践的连接度，力求形成"基础课程厚实，专业课程宽新，实验课程创新"的教材格局。

　　提高计算机科学与技术课程的教学质量，关键是要不断地进行教学改革，不断地进行教材更新，在保证教材知识正确性、严谨性、结构性和完整性的条件下，使之能充分反映当代科学技术发展的现状和动态，使之能为学生提供接触最新计算机科学理论和技术的机会；教材内容应提倡学生进行创新性的学习和思维，鼓励学生动手能力的培养和锻炼。在这个问题上，计算机科学与技术这个领域表现得尤为突出。

多媒体技术与应用

　　正是在这种编写思想指导下,在武汉大学出版社的大力支持下,我们组织中南地区的华中科技大学、武汉大学、华中师范大学、武汉理工大学、武汉科技学院、湖北经济学院、武汉生物工程学院、信阳师范学院、咸宁职业技术学院、江门职业技术学院、广东警官干部学院、深圳技师学院等院校长期工作在教学和科研第一线的骨干教师,按照21世纪大学本科计算机科学与技术课程体系要求,反复研究写作大纲,广泛猎取相关资料,精心设计教材内容,认真勘正知识谬误。经过大家努力的工作,辛勤的劳动,这套高等院校计算机技术系列教材终于与读者见面了。我相信通过这套教材的编写和出版,能够为我国计算机科学与技术教材的建设有所贡献,能够为我国高等院校计算机专业本科教学质量的提高有所帮助,能够为更多具有高素质的、创新型的计算机专业人才的培养有所作为。

魏长华

2007年7月于武昌

前 言

多媒体技术自20世纪80年代兴起以来，一直是信息领域发展最快、最活跃的技术之一，是当今信息产业中迅速崛起的重要领域。多媒体技术将文字、图像、动画、音频、视频和通信等多种功能融于一体，极大地方便了人们使用和处理各种信息。多媒体技术的出现与发展给人们的工作、生活和娱乐方式带来了深刻的变化。目前，它已经广泛地应用于教育、通信、服务、图书、金融、军事、医疗和商业等领域。

针对高职高专教育的基本特点，在对"多媒体技术与应用"课程的性质、任务、特点及现行教材分析的基础上，我们依据教育部《高职高专教育计算机公共基础课程教学基本要求》编写了本教材。本书以多媒体技术的基本理论、多媒体素材的编辑与制作以及多媒体作品的创作为主线来安排组织内容。通过本书的学习，学生可以了解多媒体技术的基础知识与理论，熟悉和掌握各种媒体信息的收集与处理，学会使用多种制作工具，并了解多媒体系统的设计流程和多媒体作品集成等内容。

本书在内容选取和编排上作了全面的考虑，力求做到以下几点：(1) 实用性。本书充分考虑到高职高专教育的特点，注重学生动手实践能力的培养，因此，在内容选取上侧重于以实用为主。各章节的编排均包含了基础的理论知识、软件使用和实例讲解等内容，使学生在学习过程中能将理论与实践相结合。(2) 教材的先进性。由于多媒体技术发展迅速，多媒体相关创作软件及工具软件版本更新更快，本书所选的多媒体创作软件及工具软件都是目前最新的版本。(3) 全面性。教材内容的选择考虑了行业的发展、社会的需求，同时更从多媒体系统的整体角度出发，对整个系统设计中涉及的多个方面进行了阐述和讨论。

全书共分8章。第1章和第2章介绍了多媒体技术的基础知识、多媒体的发展和多媒体计算机系统的硬件组成。第3章到第6章分别介绍了文字、音频、视频和动画等多种媒体信息的编辑与制作，以及各种媒体信息常用的编辑工具的使用。第7章介绍了多媒体应用系统的开发与创作流程。第8章介绍了基于流程的多媒体作品创作工具Authorware的使用。

本书第1、3章由汪金友编写，第2章的2.1、2.2节和第4章由倪永军编写，第2章的2.3、2.4节和第6章由冯岩编写，第5章由李蕾编写，第7、8章由方明科编写。

本书适用于面向应用型人才培养的高职高专院校，也可作为多媒体爱好者的学习用书和多媒体技术专业人员的参考用书。

在本书的编写过程中，得到了王淑礼、陈功平等老师的大力支持，在此表示感谢。本书在内容上参考了部分作者的研究成果，在此也一并对这些作者表示衷心的感谢。

由于信息技术发展迅速，加之受编者水平和编写时间所限，书中难免存在疏漏和不足之处，敬请广大读者批评指正。

编者

2008年12月

目 录

第1章 多媒体技术概述 ⋯⋯⋯⋯⋯⋯⋯⋯⋯⋯⋯⋯⋯⋯⋯⋯⋯⋯⋯⋯⋯⋯⋯⋯⋯⋯ 1
  1.1 多媒体技术的基本概念 ⋯⋯⋯⋯⋯⋯⋯⋯⋯⋯⋯⋯⋯⋯⋯⋯⋯⋯⋯⋯⋯⋯⋯ 1
    1.1.1 媒体 ⋯⋯⋯⋯⋯⋯⋯⋯⋯⋯⋯⋯⋯⋯⋯⋯⋯⋯⋯⋯⋯⋯⋯⋯⋯⋯⋯⋯⋯ 1
    1.1.2 多媒体 ⋯⋯⋯⋯⋯⋯⋯⋯⋯⋯⋯⋯⋯⋯⋯⋯⋯⋯⋯⋯⋯⋯⋯⋯⋯⋯⋯⋯ 2
    1.1.3 多媒体技术的特点 ⋯⋯⋯⋯⋯⋯⋯⋯⋯⋯⋯⋯⋯⋯⋯⋯⋯⋯⋯⋯⋯⋯ 2
    1.1.4 表示媒体的种类 ⋯⋯⋯⋯⋯⋯⋯⋯⋯⋯⋯⋯⋯⋯⋯⋯⋯⋯⋯⋯⋯⋯⋯ 4
  1.2 多媒体技术的发展 ⋯⋯⋯⋯⋯⋯⋯⋯⋯⋯⋯⋯⋯⋯⋯⋯⋯⋯⋯⋯⋯⋯⋯⋯⋯ 5
  1.3 多媒体技术的应用 ⋯⋯⋯⋯⋯⋯⋯⋯⋯⋯⋯⋯⋯⋯⋯⋯⋯⋯⋯⋯⋯⋯⋯⋯⋯ 7
  1.4 多媒体研究的内容与关键技术 ⋯⋯⋯⋯⋯⋯⋯⋯⋯⋯⋯⋯⋯⋯⋯⋯⋯⋯⋯ 11
  本章小结 ⋯⋯⋯⋯⋯⋯⋯⋯⋯⋯⋯⋯⋯⋯⋯⋯⋯⋯⋯⋯⋯⋯⋯⋯⋯⋯⋯⋯⋯⋯⋯ 15
  习题1 ⋯⋯⋯⋯⋯⋯⋯⋯⋯⋯⋯⋯⋯⋯⋯⋯⋯⋯⋯⋯⋯⋯⋯⋯⋯⋯⋯⋯⋯⋯⋯⋯ 16

第2章 多媒体计算机系统 ⋯⋯⋯⋯⋯⋯⋯⋯⋯⋯⋯⋯⋯⋯⋯⋯⋯⋯⋯⋯⋯⋯⋯⋯ 17
  2.1 多媒体系统的组成 ⋯⋯⋯⋯⋯⋯⋯⋯⋯⋯⋯⋯⋯⋯⋯⋯⋯⋯⋯⋯⋯⋯⋯⋯⋯ 17
    2.1.1 多媒体系统的基本组成 ⋯⋯⋯⋯⋯⋯⋯⋯⋯⋯⋯⋯⋯⋯⋯⋯⋯⋯⋯ 17
    2.1.2 多媒体计算机的主要特征 ⋯⋯⋯⋯⋯⋯⋯⋯⋯⋯⋯⋯⋯⋯⋯⋯⋯⋯ 19
  2.2 常用的 I/O 设备 ⋯⋯⋯⋯⋯⋯⋯⋯⋯⋯⋯⋯⋯⋯⋯⋯⋯⋯⋯⋯⋯⋯⋯⋯⋯ 20
    2.2.1 输入设备 ⋯⋯⋯⋯⋯⋯⋯⋯⋯⋯⋯⋯⋯⋯⋯⋯⋯⋯⋯⋯⋯⋯⋯⋯⋯ 20
    2.2.2 输出设备 ⋯⋯⋯⋯⋯⋯⋯⋯⋯⋯⋯⋯⋯⋯⋯⋯⋯⋯⋯⋯⋯⋯⋯⋯⋯ 23
  2.3 多媒体音频设备 ⋯⋯⋯⋯⋯⋯⋯⋯⋯⋯⋯⋯⋯⋯⋯⋯⋯⋯⋯⋯⋯⋯⋯⋯⋯⋯ 27
    2.3.1 声卡的功能 ⋯⋯⋯⋯⋯⋯⋯⋯⋯⋯⋯⋯⋯⋯⋯⋯⋯⋯⋯⋯⋯⋯⋯⋯ 27
    2.3.2 声卡的结构 ⋯⋯⋯⋯⋯⋯⋯⋯⋯⋯⋯⋯⋯⋯⋯⋯⋯⋯⋯⋯⋯⋯⋯⋯ 27
    2.3.3 声卡的种类 ⋯⋯⋯⋯⋯⋯⋯⋯⋯⋯⋯⋯⋯⋯⋯⋯⋯⋯⋯⋯⋯⋯⋯⋯ 29
  2.4 多媒体数字摄像设备 ⋯⋯⋯⋯⋯⋯⋯⋯⋯⋯⋯⋯⋯⋯⋯⋯⋯⋯⋯⋯⋯⋯⋯⋯ 29
    2.4.1 数字摄像头 ⋯⋯⋯⋯⋯⋯⋯⋯⋯⋯⋯⋯⋯⋯⋯⋯⋯⋯⋯⋯⋯⋯⋯⋯ 29
    2.4.2 数码相机 ⋯⋯⋯⋯⋯⋯⋯⋯⋯⋯⋯⋯⋯⋯⋯⋯⋯⋯⋯⋯⋯⋯⋯⋯⋯ 30
    2.4.3 数码摄像机 ⋯⋯⋯⋯⋯⋯⋯⋯⋯⋯⋯⋯⋯⋯⋯⋯⋯⋯⋯⋯⋯⋯⋯⋯ 31
  本章小结 ⋯⋯⋯⋯⋯⋯⋯⋯⋯⋯⋯⋯⋯⋯⋯⋯⋯⋯⋯⋯⋯⋯⋯⋯⋯⋯⋯⋯⋯⋯⋯ 32
  习题2 ⋯⋯⋯⋯⋯⋯⋯⋯⋯⋯⋯⋯⋯⋯⋯⋯⋯⋯⋯⋯⋯⋯⋯⋯⋯⋯⋯⋯⋯⋯⋯⋯ 32

第3章 文字的编辑与制作 ⋯⋯⋯⋯⋯⋯⋯⋯⋯⋯⋯⋯⋯⋯⋯⋯⋯⋯⋯⋯⋯⋯⋯⋯ 34
  3.1 概述 ⋯⋯⋯⋯⋯⋯⋯⋯⋯⋯⋯⋯⋯⋯⋯⋯⋯⋯⋯⋯⋯⋯⋯⋯⋯⋯⋯⋯⋯⋯⋯ 34

3.1.1　文本的输入方式 …………………………………………………… 34
　　　3.1.2　文本处理的内容及软件 …………………………………………… 35
　3.2　文字属性 …………………………………………………………………… 35
　3.3　三维立体文字制作软件 Cool 3D ………………………………………… 36
　　　3.3.1　菜单栏 ………………………………………………………………… 37
　　　3.3.2　工具栏 ………………………………………………………………… 38
　　　3.3.3　效果选择 ……………………………………………………………… 39
　　　3.3.4　编辑区 ………………………………………………………………… 40
　3.4　Cool 3D 动画制作示例 …………………………………………………… 40
　　　3.4.1　文本动画制作实例 …………………………………………………… 40
　　　3.4.2　图形变形制作实例 …………………………………………………… 44
　本章小结 ………………………………………………………………………… 48
　习题 3 …………………………………………………………………………… 48

第 4 章　音频的编辑与制作 …………………………………………………… 49
　4.1　多媒体音频 ………………………………………………………………… 49
　　　4.1.1　音频的基本概念 ……………………………………………………… 49
　　　4.1.2　数字音频的分类 ……………………………………………………… 50
　4.2　音频的数字化 ……………………………………………………………… 52
　　　4.2.1　音频的数字化 ………………………………………………………… 53
　　　4.2.2　数字音频的技术指标 ………………………………………………… 54
　　　4.2.3　数字音频的编码 ……………………………………………………… 56
　4.3　音频的处理软件 …………………………………………………………… 57
　4.4　音频编辑软件 Cool Edit Pro ……………………………………………… 59
　　　4.4.1　音频编辑软件 Cool Edit Pro 概述 ………………………………… 59
　　　4.4.2　Cool Edit Pro 声音采集 …………………………………………… 60
　　　4.4.3　声音文件的编辑处理 ………………………………………………… 62
　本章小结 ………………………………………………………………………… 71
　习题 4 …………………………………………………………………………… 71

第 5 章　图像的编辑与制作 …………………………………………………… 73
　5.1　图像概述 …………………………………………………………………… 73
　　　5.1.1　基本概念 ……………………………………………………………… 73
　　　5.1.2　图像的技术参数 ……………………………………………………… 75
　　　5.1.3　图形与图像 …………………………………………………………… 77
　5.2　图像的数字化 ……………………………………………………………… 78
　　　5.2.1　基本概念 ……………………………………………………………… 78
　　　5.2.2　数字化过程 …………………………………………………………… 78
　　　5.2.3　常见的图像文件格式 ………………………………………………… 79

5.3 图像采集方法及处理软件 ·················· 82
　　5.3.1 图像采集方法 ·················· 82
　　5.3.2 图像处理的常用软件 ·················· 85
5.4 图像的编辑 ·················· 87
　　5.4.1 图像处理软件 Photoshop 界面 ·················· 87
　　5.4.2 Photoshop 工具箱 ·················· 88
　　5.4.3 实例 ·················· 97
本章小结 ·················· 101
习题 5 ·················· 101

第6章 动画制作软件 Flash MX 2004 ·················· 103

6.1 Flash MX 的软件和硬件配置 ·················· 103
6.2 Flash MX 的基本操作 ·················· 103
　　6.2.1 Flash MX 软件的启动和退出 ·················· 103
　　6.2.2 Flash MX 软件的界面 ·················· 104
　　6.2.3 定义文档属性 ·················· 104
　　6.2.4 Flash MX 文件的导入 ·················· 105
6.3 Flash MX 绘图工具的使用 ·················· 106
　　6.3.1 箭头工具 ·················· 106
　　6.3.2 线条工具 ·················· 107
　　6.3.3 套索工具 ·················· 108
　　6.3.4 钢笔工具 ·················· 108
　　6.3.5 文本工具 ·················· 109
　　6.3.6 椭圆工具 ·················· 109
　　6.3.7 矩形工具 ·················· 110
　　6.3.8 铅笔工具 ·················· 111
　　6.3.9 画笔工具 ·················· 111
　　6.3.10 任意变形工具 ·················· 112
　　6.3.11 填充变形工具 ·················· 113
　　6.3.12 墨水瓶工具 ·················· 113
　　6.3.13 颜料桶工具 ·················· 113
　　6.3.14 滴管工具 ·················· 114
　　6.3.15 橡皮擦工具 ·················· 114
　　6.3.16 实例练习 ·················· 115
6.4 Flash MX 动画的实现 ·················· 116
　　6.4.1 时间轴面板 ·················· 117
　　6.4.2 帧 ·················· 117
　　6.4.3 图层 ·················· 122
6.5 Flash MX 的元件和库 ·················· 125

         6.5.1　图形元件的创建 …………………………………………………… 125
         6.5.2　影片剪辑元件的创建 ……………………………………………… 126
         6.5.3　按钮元件的创建 …………………………………………………… 127
   本章小结 ……………………………………………………………………………… 128
   习题6 ………………………………………………………………………………… 128

第7章　多媒体应用系统设计 ……………………………………………………………… 129
   7.1　多媒体应用系统概述 …………………………………………………………… 129
         7.1.1　多媒体应用系统的特点 ……………………………………………… 129
         7.1.2　多媒体应用系统的应用领域 ………………………………………… 130
   7.2　多媒体应用系统创作工具 ……………………………………………………… 132
         7.2.1　多媒体创作工具 ……………………………………………………… 133
         7.2.2　多媒体创作工具的功能要求 ………………………………………… 133
         7.2.3　多媒体创作工具的分类 ……………………………………………… 134
   7.3　多媒体应用系统开发的过程 …………………………………………………… 138
         7.3.1　多媒体软件工程概述 ………………………………………………… 138
         7.3.2　多媒体应用系统开发人员的组成及任务 …………………………… 139
         7.3.3　开发的几个阶段 ……………………………………………………… 141
         7.3.4　多媒体创作中的交互与导航 ………………………………………… 145
   7.4　人机界面的设计 ………………………………………………………………… 147
         7.4.1　界面设计原则 ………………………………………………………… 147
         7.4.2　认知原则 ……………………………………………………………… 149
         7.4.3　界面设计的步骤 ……………………………………………………… 151
         7.4.4　用户界面测试 ………………………………………………………… 152
   本章小结 ……………………………………………………………………………… 153
   习题7 ………………………………………………………………………………… 153

第8章　基于流程的创作工具Authorware ………………………………………………… 155
   8.1　Authorware概述 ………………………………………………………………… 155
         8.1.1　Authorware的主要特点 ……………………………………………… 155
         8.1.2　Authorware 7的新特性 ……………………………………………… 156
   8.2　Authorware主界面组成及菜单系统 …………………………………………… 157
         8.2.1　工具栏 ………………………………………………………………… 158
         8.2.2　图标栏 ………………………………………………………………… 158
         8.2.3　菜单栏 ………………………………………………………………… 159
         8.2.4　程序设计窗口 ………………………………………………………… 160
   8.3　Authorware的动画功能 ………………………………………………………… 161
         8.3.1　移动类型 ……………………………………………………………… 161
         8.3.2　动画设计步骤及属性设置 …………………………………………… 162

    8.3.3 动画设计实例……………………………………………………163
  8.4 Authorware 的交互功能………………………………………………168
    8.4.1 交互结构…………………………………………………………168
    8.4.2 交互图标的创建与响应…………………………………………169
    8.4.3 交互图标的属性设置……………………………………………171
    8.4.4 交互响应分支图标的属性设置…………………………………172
    8.4.5 交互设计实例——选择题的制作………………………………172
  8.5 变量和函数…………………………………………………………………179
    8.5.1 变量………………………………………………………………179
    8.5.2 函数………………………………………………………………182
    8.5.3 编制脚本语句……………………………………………………184
  8.6 发布作品……………………………………………………………………186
    8.6.1 源文件打包………………………………………………………186
    8.6.2 库文件打包………………………………………………………188
    8.6.3 制作自启动光盘…………………………………………………188
 本章小结……………………………………………………………………………188
 习题 8 ………………………………………………………………………………189

参考文献……………………………………………………………………………………191

第1章 多媒体技术概述

自20世纪80年代以来,多媒体及多媒体技术得到了充分的发展。多媒体技术是当今信息技术领域发展最快、最活跃的技术,是新一代电子技术发展和竞争的焦点。它促进了通信、娱乐、计算机等领域的融合,进而形成了多媒体系统。多媒体技术已经广泛地应用在教育、通信、娱乐、新闻等多种行业,并正悄悄地改变着我们的生活。

1.1 多媒体技术的基本概念

多媒体涉及的技术范围很广,技术很新,研究内容也很深,是多种学科和多种技术交叉的领域。近年来,多媒体应用的范围越来越广泛,已经与我们的生活息息相关。因此,我们首先来了解与多媒体相关的一些最基本的内容。

1.1.1 媒体

媒体,又称为媒介或媒质,它是信息的载体。在现实世界中,媒体就是人们用于传播和表示各种信息的手段,如报纸、杂志、电视机、收音机等。而在计算机领域中,媒体(Medium)有两层含义:一是指用以存储信息的实体,如磁带、磁盘、光盘和半导体存储器等;二是指传递信息的载体,如数字、文字、声音、图形和图像等。多媒体技术中的媒体一般是指后者。按照国际电报电话咨询委员会CCITT建议的定义,媒体有感觉媒体、表示媒体、表现媒体、存储媒体和传输媒体五种。

1. 感觉媒体(Perception Medium)

感觉媒体是指直接作用于人的感觉器官,使人产生直接感觉的媒体,如引起听觉反应的声音、引起视觉反应的图像等。感觉媒体一般包括自然界的各种声音、人类的各种语言、文字、音乐、图形、图像和动画等。

2. 表示媒体(Representation Medium)

表示媒体是为了加工、处理和传输感觉媒体而人为地研究和编制出的信息编码。根据各类信息的特性,表示媒体有多种编码方式,如语音PCM编码、文本ASCII编码、静止图像JPEG编码和运动图像MPEG编码等。

3. 表现媒体（Presentation Medium）

表现媒体是指获取和显示的设备，也称为显示媒体。表现媒体又可分为输入显示媒体和输出显示媒体。输入显示媒体有键盘、鼠标、光笔、数字化仪、扫描仪、麦克风、摄像机等，输出显示媒体有显示器、音箱、打印机、投影仪等。

4. 存储媒体（Storage Medium）

存储媒体又称存储介质，指的是存储数据的物理设备，如硬盘、软盘、优盘、光盘、磁带、半导体芯片等。

5. 传输媒体（Transmission Medium）

传输媒体指的是传输数据的物理设备，如各种电缆、导线、光缆等。

1.1.2 多媒体

"多媒体"译自 20 世纪 80 年代初创造的英文词"multimedia"，它最早出现于美国麻省理工学院（MIT）提交给国防部的一个项目计划报告中。关于多媒体的定义，目前仍然没有统一的标准，国内外很多专家学者都从不同的角度对其进行了阐述。本书采用了林福宗老师对多媒体的定义。所谓多媒体，是指融合两种或两种以上媒体的一种人机交互式信息交流和传播媒体。在这个定义中需要明确几点：①多媒体是信息交流和传播媒体，从这个意义上说，多媒体和电视、报纸、杂志等媒体的功能是一样的。②多媒体是人机交互式媒体。因为计算机的一个重要特性是"交互性"，使用它就比较容易实现人机交互功能。从这个意义上说，多媒体和目前大家熟悉的模拟电视、报纸、杂志等媒体是大不相同的。③多媒体信息都是以数字的形式而不是以模拟信号的形式存储和传输的。④传播信息的媒体种类很多，如文字、声音、电视、图形、图像、动画等。虽然融合了任何两种以上媒体的就可以称为多媒体，但通常认为多媒体中的连续媒体（音频和视频）是人与机器交互的最自然的媒体。

然而，人们所谈到的多媒体通常不仅指多种媒体信息本身，而且还指处理和应用各种媒体信息的相应技术，因此，在现实生活中，人们将"多媒体"与"多媒体技术"等同。多媒体技术将所有这些媒体形式集成起来，以更加自然、方便的方式使信息和与计算机进行交互，使表现的信息图、文、声并茂。

因此，多媒体技术是数字化信息处理技术、计算机软硬件技术、音频、视频、图像压缩技术、文字处理和通信与网络等多种技术的结合。概括地说，多媒体技术就是利用计算机技术把文本、声音、视频、动画、图形和图像等多种媒体进行综合处理，使多种信息之间建立逻辑连接，集成为一个完整的系统，并能对它们获取、压缩编码、编辑、处理、存储和展示。

1.1.3 多媒体技术的特点

多媒体涉及的技术范围很广，且强调交互式综合处理多种信息媒体，因此，多媒体技术具有以下特点：

1. 多样性

多样性是多媒体及其技术的主要特征之一，也是多媒体研究要解决的关键问题。早期的计算机只能处理数值、文字等单一的信息媒体，而多媒体计算机则可以综合处理文本、图形、图像、声音、动画和视频等多种形式的信息媒体。多媒体技术就是要把计算机处理的信息多样化或多维化，从而改变计算机信息处理的单一模式，使所能处理的信息空间范围、种类扩大，使人们的思维表达有了更充分、更自由的扩展空间。

多媒体信息多维化不仅指输入，还包括输出，目前主要包括听觉和视觉两个方面。但输入和输出并不一定是相同的，对应用而言，前者称为获取，后者称为表现。如果两者完全相同，只能称为记录和重放。如果对其进行变换、加工，亦即所谓的创作，则可以大大丰富信息的表现力，增强其效果。

2. 集成性

多媒体的集成性主要体现在两个方面：多媒体信息的集成以及操作这些媒体信息的工具和设备的集成。前者是指各种信息媒体按照一定的数据模型和组织结构集成为一个有机的整体，即组合成一个完整的多媒体信息，这对媒体的共享和创作使用是非常重要的。后者是指计算机系统、存储设备、音响设备、视频设备等硬件的集成，以及软件的集成，为多媒体系统的开发和实现建立一个理想的集成环境和开发平台，从而实现声、文、图、像的一体化处理。

早期单一零散的各项技术在多媒体旗帜下集合时，一方面意味着技术已经发展到相当成熟的程度，另一方面也意味着独立的发展已经不能满足应用的需要。信息空间的不完整（例如，仅有静态图像而无动态视频，仅有声音而无图形等）限制了信息空间的信息组织，也限制了信息的有效使用。同样，信息交互手段的单一性也制约了其进一步的应用。因此，当多媒体将它们协调地集成起来后，"1+1＞2"的系统效应就十分明显了。

3. 交互性

交互性是多媒体技术的关键特性。所谓交互就是通过各种媒体信息，使参与的各方（不论是发送方还是接收方）都可以进行编辑、控制和传递。

多媒体信息空间中的交互性为用户提供了更加有效的控制和使用信息的手段，同时也为应用开辟了更广阔的领域。交互可以增加人们对信息的注意和理解，延长信息的保留时间。在单一的文本空间中，交互的效果和作用很差，人们只能"使用"信息，很难做到控制和干预信息的处理。当交互引入时，活动本身作为一种媒体介入了信息转变为知识的过程，人们获取信息和使用信息的方式由被动变为主动，可以根据需要对多媒体系统进行控制、选择、检索并参与多媒体信息的播放和节目的组织，借助于活动，人们便可获得更多信息。

4. 实时性

实时性又称为动态性，是指多媒体技术中涉及的一些媒体，例如音频和视频信息，具有很强的时间特性，会随着时间的变化而变化。动态性正是多媒体具有最大吸引力的地方之一。这要求对它们进行处理以及人机交互、显示、检索等操作都必须实时完成，特别是在多媒体网络和多媒体通信中，实时传播和同步支持是一个非常重要的指标。例如，一些制作比较差的多媒体作品就会出现声音与图像停顿，甚至不同步的情况。在对这些信息进行处理时，我们需要充分考虑这一特征。

1.1.4 表示媒体的种类

多媒体技术研究的媒体主要指的是表示媒体。表示媒体主要有三种：视觉类媒体、听觉类媒体和触觉类媒体。

1. 视觉类媒体

（1）位图图像（Bitmap）

将所观察的图像按行列方式进行数字化，对图像的每一点都数字化为一个值，所有这些值就组成了位图图像。位图图像是所有视觉表示方法的基础。

（2）图形（Graphics）

图形是图像的抽象，它反映图像上的关键特征，如点、线、面等。图形的表示不直接描述图像的每一点，而是描述产生这些点的过程和方法，即用矢量表示。

（3）符号

符号包括文字和文本。由于符号是人类创造出来表示某种含义的，所以它与使用者的知识有关，是比图形更高一级的抽象，必须具备特定的知识才能解释特定的符号，才能解释特定的文本（例如语言）。符号的表示是用特定值表示的，如 ASCII 码、中文国标码等。

（4）视频（Video）

视频又称动态图像，是一组图像按时间的有序连续表现。视频的表示与图像序列、时间关系有关。

（5）动画（Animation）

动画是动态图像的一种。它与视频的不同之处在于，动画采用的是计算机产生出来的图像或图形，而不像视频采用直接采集的真实图像。动画包括二维动画、三维动画等多种形式。

（6）其他

其他类型的视觉媒体形式，还有如用符号表示的数值、用图形表示的某种数据曲线、数据库的关系数据等。

2. 听觉类媒体

（1）波形声音（Wave）

波形声音是自然界中所有声音的拷贝，是声音数字化的基础。

（2）语音（Voice）

语音也可以表示为波形声音，但波形声音表示不出语音的内在语言、语音学的内涵。

语音是对讲话声音的一次抽象。

(3) 音乐（Music）

音乐与语音相比更规范一些，是符号化了的声音。但音乐不能对所有的声音都进行符号化。乐谱是符号化声音的符号组，表示比单个符号更复杂的声音信息内容。

3. 触觉类媒体

(1) 指点

指点包括间接指点和直接指点。通过指点可以确定对象的位置、大小、方向和方位，执行特定的过程和相应操作。

(2) 位置跟踪

为了与系统交互，系统必须了解参与者的身体动作，包括头、眼、手、肢体等部位的位置与运动方向。系统将这些位置与运动的数据转变为特定的模式，对相应的动作进行表示。

(3) 力反馈与运动反馈

这与位置跟踪正好相反，是由系统向参与者反馈的运动及力的信息，如触觉刺激（例如物体的表面纹理、吹风等）、反作用力（例如推门的门重感觉）、运动感觉（例如摇晃、振动等）以及温度和湿度等环境信息。这些媒体信息的表现必须借助一定的电子、机械的伺服机构才能实现。

1.2 多媒体技术的发展

多媒体及多媒体技术产生于 20 世纪 80 年代，形成商品化的产品和一定的市场规模是在 20 世纪 90 年代初，随后得到飞速的发展和普及。多媒体计算机是应社会的需要而诞生的，多媒体计算机的发展也随计算机技术的进步而不断取得进展。

1984 年，Apple 公司在苹果机 Macintosh 上引入了位映射（Bitmap）的概念来进行图形处理，并使用窗口（Window）和图标（Icon）作为用户界面，这标志着多媒体及多媒体技术的产生和应用。在此基础上进一步发展，增加了语音压缩和真彩色图形系统等，使苹果机成为当时最好的多媒体计算机，如 Macromedia 公司著名的多媒体创作系统 Director 最早的版本只支持苹果机。

1985 年，Commodore 公司推出了 Amiga 系统，它可以称为世界上第一个多媒体计算机系统。

1986 年，Philips 公司和 Sony 公司联合推出了交互式紧凑光盘系统（Compact Disc Interactive，CD-I），能够将声音、文字、图形、图像等多媒体信息数字化并存储到光盘上。同时它们还公布了 CD-ROM 文件格式，得到了同行的承认，并成为 ISO 国际标准。

1987 年 3 月，在第二次 Microsoft CD-ROM 会议上，RCA 公司首次公布了交互式数字视频系统 DVI（Digital Video Interactive）技术的研究成果。1989 年 Intel 和 IBM 公司在国际市场上推出了 DVI 技术第一代产品 Action Media 750。

随着多媒体技术的迅速发展，为了抢占多媒体市场，1990 年 11 月，Microsoft 和

Philips 等十多家厂商召开了多媒体开发者会议，会议成立了多媒体计算机市场协会，并制定了多媒体计算机 MPC 的市场标准 MPC-1。

MPC-1 标准规定多媒体计算机包括 5 个基本的部件：个人计算机（PC）、只读光盘驱动器（CD-ROM）、声卡、Windows 3.1 操作系统和一组音箱或耳机，并对 CPU、存储器容量和屏幕显示功能等有最低的规格标准（见表 1-1）。

表 1-1　　　　　　　　　　　MPC 最低功能要求规格

项　目	MPC-1	MPC-2	MPC-3
RAM	2MB	4MB	8MB
运算处理器	16MHz，386SX	25MHz，486SX	75MHz，Pentium，同等级 X86
CD-ROM	150kbps，最大寻址时间 1s	300kbps，最大寻址时间 400ms CD-ROMXA	600kbps，最大寻址时间 200ms CD-ROMXA
声卡	8 位数字声音，8 个合成音 MIDI	16 位数字声音，8 个合成音 MIDI	8 位数字声音，Wavetable（波表）MIDI
显示	640×480，16 色	640×480，65536 色	640×480，65536 色
硬盘容量	30MB	160MB	540MB
彩色视频播放			352×240，30 帧/秒
输入/输出端口	MIDI I/O，摇杆端口，串并联端口	MIDI I/O，摇杆端口，串并联端口	MIDI I/O，摇杆端口，串并联端口

1990 年，MPC-1 标准诞生，硬件厂商发展了多媒体系统的标准操作平台。

1993 年 5 月，MPC 联盟又制定了第二代多媒体计算机标准 MPC-2，提高了基本部件的性能指标。

1995 年 6 月，第三代标准 MPC-3 出台。在进一步提高对基本部件要求的基础上，增加了全屏幕、全动态（30 帧/秒）视频及增强版 CD 音质的视频和音频硬件标准。

后来又推出了 MPC-4 标准。MPC-4 在普通微机的基础上增加了以下 4 类设备：

- 声/像输入设备——如普通光驱、音效卡、麦克风、扫描仪、录音机、录像机等。
- 声/像输出设备——如刻录光驱、音效卡、录音机、录像机、打印机等。
- 功能卡——如电视卡、视频采集卡、视频输出卡、网卡、VCD 压缩卡等。
- 软件支持——音响信息、视频信息和通信信息以及实时、多任务处理软件。

由于多媒体市场潜力巨大，参与竞争的多媒体厂商越来越多，各厂商形成了各自的多媒体技术标准，要求有关的国际标准化委员会制定多媒体技术标准。例如，扩展结构体系标准 CD-ROM/XA 填补了原有音频标准的漏洞，增加了静止图像数据压缩编码标准（JPEG）、运动图像数据压缩编码标准（MPEG）、电视编码标准、视频编码标准（H.261 和 H.263）等。网络技术的迅速发展使多媒体技术由单机系统向网络系统发展，使多媒体的普及应用成为可能。

从市场驱动背景来看，有两大方面的原因在推动多媒体与通信技术结合产品的迅速发展：一是网络技术的飞速发展和网络建设的快速推进，二是企业、家庭及个人对多媒体信息的需求。从技术背景看，通信是传输信息的工具，无论是从本地还是从远程获取信息，必须使用通信手段，多媒体计算机与通信本来就是一个信息系统中的两个部分。多媒体计算机的核心任务是获取、处理、转发或分发多媒体信息，使多种媒体信息（本地或远程）之间建立逻辑链接，消除空间和时间的障碍，为人类提供完善的信息服务，如电子邮件、Web浏览、远程教育、远程医疗、视频点播（VOD）、交互式电视、电视会议、网络购物和电子贸易等。未来的多媒体计算机将集成和控制录音、录像、电视、电话等各种设备，构成新型办公室信息中心和家庭信息中心，高速网络将提供图形、图像、音频、视频等多媒体信息的通信服务。这样，多媒体技术可提供全方位、全球性的服务。

1.3 多媒体技术的应用

目前，多媒体技术的应用几乎涉及人们生活的各个领域。现在的多媒体硬件和软件已经能将数据、声音以及高清晰度的图像等作为窗口软件中的对象去进行各式各样的编辑与处理。而且可以肯定的是，随着各方面技术的不断进步，这种处理将变得越来越简便，功能将越来越强大。

就目前而言，多媒体技术已在商业、教育培训、电视会议、声像演示等方面得到了充分应用。下面对此作简单的介绍。

1. 在教育与培训方面的应用

教育培训领域是应用多媒体技术最早，也是进步最快的领域。多媒体技术使现在的课程教材声文图像并茂，使教学过程生动活泼，人机交流或师生之间的交流增多，并可做到即时反馈，从而使教师的教学方式更加灵活多变，课上课下都可进行教学。同时，多媒体技术的应用对教师的教学理念、知识结构等都提出了新的要求。另一方面，多媒体技术为教学提供了逼真的表现效果，扩大了人的感知空间和时间，提高了主观对客观世界的认识范围。多媒体教学系统提供的图形、声音、语言等交互界面及其交互操作，能对学生产生多种感官的综合刺激，增强学生的学习兴趣，促进学生的学习能力，从而提高学习效果。

总的来说，多媒体技术在教育与培训方面的应用可以用6C进行概括：

(1) CAI —— 计算机辅助教学

CAI（Computer Assisted Instruction，计算机辅助教学）是多媒体技术在教育领域中应用的典型范例，是新型的教育技术和计算机应用技术相结合的产物，其核心内容是指以计算机多媒体技术为教学媒介而进行的教学活动。

(2) CAL —— 计算机辅助学习

CAL（Computer Assisted Learning，计算机辅助学习）也是多媒体技术应用的一个方面。它突出教学的中心是学生的学习以及计算机对帮助学生学习的作用。CAL向受教育者提供有关学习的帮助信息。例如，检索与某个科学领域相关的教学内容，查阅自然科学、社会科学以及其他领域中的信息，征求疑难问题的解决办法，寻求各个学科之间的关系和探讨共同关心的问题等。

(3) CBI —— 计算机化教学

CBI（Computer Based Instruction，计算机化教学）是近年来新发展起来的，作为较高程度的计算机支持教学应用，它代表了多媒体技术应用的最高境界。CBI 使计算机教学手段从"辅助"位置走到前台，成为主角。CBI 也必将成为教育方式的主流和方向。

（4）CBL —— 计算机化学习

CBL（Computer Based Learning，计算机化学习）是作为较高程度的计算机支持学习应用，是充分利用多媒体技术提供学习机会和手段的事物。在计算机技术的支持下，受教育者可在计算机上自主学习多学科、多领域的知识。实施 CBL 的关键，是在全新的教育理念指导下，充分发挥计算机技术的作用，以多媒体的形式展现学习的内容和相关信息。

（5）CAT —— 计算机辅助训练

CAT（Computer Assisted Training，计算机辅助训练）是一种教学的辅助手段，主要指计算机在职业技能训练中的应用。它通过计算机提供多种训练科目和练习，使受教育者迅速消化所学知识，充分理解和掌握重点和难点。

（6）CMI —— 计算机管理教学

CMI（Computer Managed Instruction，计算机管理教学）主要是利用计算机技术解决多方位、多层次的教学管理问题。教学管理的计算机化，可大幅度提高工作效率，使管理更趋科学化、严格化，对管理水平的提高发挥重要的作用。

由此可见，应用多媒体技术可以比传统的课堂教学或单纯地阅读书面教材效率更高，使用交互式多媒体系统，学生可根据自己的水平和接受能力进行自学，掌握学习进度的主动性，避免统一教学进度带来的缺点。

2. 在通信方面的应用

随着多媒体计算机技术与网络技术日益紧密的结合，多媒体通信技术将是今后多媒体技术和通信技术共同关注的热点技术。多媒体技术应用到通信领域，推动了通信业务的快速发展，满足了人们的不同需求。

随着互联网的高速发展，计算机、通信、消费类电子等产业与娱乐业融合越来越紧密，使基于互联网的多媒体产业成为 21 世纪发展最快、最有前景的产业之一。由此形成的多媒体通信类的产品众多，也有着极广泛的内容，如可视电话系统、视频会议系统等。这里对给人们生活、学习和工作造成深刻影响的信息点播（Information Demand，ID）系统作简要介绍。

信息点播系统包括桌上多媒体通信系统和交互电视 ITV。

- 通过桌上多媒体信息系统，人们可以远距离点播所需信息，比如电子图书馆、多媒体数据的检索与查询等。点播的信息可以是各种数据类型，其中包括立体图像和感官信息。用户可以按信息表现形式和信息内容进行检索，系统根据用户的需要提供相应服务。

- 交互式电视和传统电视的不同之处在于，用户在电视机前可对电视台节目库中的信息按需选取，即用户主动与电视进行交互并获取信息。交互电视主要由网络传输、视频服务器和电视机机顶盒构成。用户通过遥控器进行简单的点按操作就可对机顶盒进行控制。交互式电视还可提供许多其他信息服务，如交互式教育、交互式游戏、数字多媒体图书、杂志、电视采购、电视电话等，从而将计算机网络与家庭生活、娱乐、商业导购等多项应用密切地结合在一起。

3. 咨询和演示

目前，多媒体技术已经应用到销售、导游、宣传和广告等领域，并且极大增强了这些活动的效果，同时也给人们的生活带来便利。多媒体技术在这些领域中的使用使需要展示或表现的信息更加直观、更加容易接受，同时在视觉、听觉等方面给人们带来了不同的感受，强有力地表现了所要传递的信息。

例如，搜狐推出的搜狗地图在查询城市道路信息时直接使用了卫星拍摄的道路实景，这种表现方式比文字描述方式更能吸引人们的注意力，在视觉上给人以更强的冲击，也激发了人们使用这种系统的好奇心。

很多旅游景点在进行宣传时，已经开始使用多媒体技术手段。过去介绍景点时大多使用印刷品，如今已经开始使用数字化载体——光盘。通过光盘，可以将大量的景点信息、实景照片、动听的解说等融入光盘中，在很大程度上强化了宣传效果和力度。

4. 多媒体信息检索与查询

多媒体信息检索与查询（Multimedia Information Service，MIS）将图书馆中所有的数据、报刊资料等输入数据库，人们在家中或办公室里就可以在多媒体终端上查阅。在技术上与此类似，各个商场可以将用于介绍商品的录像输入数据库，顾客在家中就可以查看不同商场的商品，挑选自己中意的商品。这时，屏幕上将按顾客的要求显示出其感兴趣的商品的图像、价格以及介绍商品性能的配音等。对通信方式而言，MIS 是一点对一点（信息中心对一个用户）或一点对多点（信息中心对多个用户）的双向非对称系统。从用户到信息提供者（数据库）只传送查询命令，所要求的传输带宽较小；而从数据库传送到用户的信息则是大量的。

多媒体数据库是 MIS 系统中的核心。它需要有适当的数据结构，以表达不同媒体之间的空间与时间关系；对不同媒体要有合理的存储方式、快速提取信息的算法；当数据库是分布式时，要能够将处在不同地域的服务器所提供的信息协调起来提供给用户。由于数据库向用户提供的信息中包括声音和活动图像，并且这些随时间变化的信息不能打印，所以信息中心必须为用户提供一种工具，使之能够有效地浏览数据库中的丰富内容，并以交互方式迅速找到自己所关心的信息。

5. 虚拟现实

虚拟现实是一项与多媒体技术密切相关的边缘技术，它通过综合应用计算机图像处理、模拟与仿真、传感、显示系统等技术和设备，以模拟仿真的方式，为用户提供一个真实反映操作对象变化与相互作用的三维图像环境，从而构成一个虚拟世界，并通过特殊的输入/输出设备（如头盔式三维显示装置、数据手套等）提供给用户一个与该虚拟世界相互作用的三维交互式用户界面。多媒体的许多技术及创造发明集中表现在虚拟现实上。虚拟现实技术已经在军事、医学、电子制造、建筑设计等许多行业有了广泛的应用，如特制的目镜、头盔、数据手套等。

采用高速的专用计算机，Singer，RediFusion 和其他公司已经研制出价值几百万美元的飞行模拟器，这已经导致虚拟现实技术进入商业领域。F-16、波音 777 和 Rockwell 航天飞机都在实际飞行之前进行了若干次模拟运行。在 Maine Maritime 学院和其他商船队机构训练学校里，计算机控制的模拟器被用来讲授油罐和集装箱船舶复杂的装载和卸载技术。

图 1-1 是一个三维仿真电脑显示系统，也是虚拟现实的一种形式。图 1-2 所示的虚拟眼睛是虚拟现实中常用的一种辅助设备。我们平常见到的平面显示器的视野不超过 60°，而这个系统可以达到 160°，所以能够显示出更精彩的景深，模拟真实的三维感，不需要额外的眼镜作为辅助。Vision Station 的最大尺寸达直径 1.5 米，带来强大视觉冲击力。Vision Station 的应用相当广泛。当然，最能激发人兴趣的就是游戏，如用它来玩一些射击、驾驶或格斗等游戏。

图 1-1　三维仿真电脑显示系统

图 1-2　虚拟眼睛

6．多媒体技术在其他方面的应用

多媒体技术给出版业带来了巨大的影响，其中近年来出现的电子图书和电子报刊就是应用多媒体技术的产物。电子出版物以电子信息为媒介进行信息存储和传播，是对以纸张为主要载体进行信息存储与传播的传统出版物的一个挑战。用 CD-ROM 代替纸介质出版各类图书是印刷业的一次革命。电子出版物具有容量大、体积小、成本低、检索快、易于保存和复制、能存储音像图文信息等优点，因而前景乐观。

利用多媒体技术可为各类咨询提供服务，如旅游、邮电、交通、商业、金融、宾馆等。使用者可通过触摸屏进行独立操作,在计算机上查询需要的多媒体信息资料,用户界面十分友好,用手指轻轻一点,便可获得所需信息。

多媒体技术还将改变未来的家庭生活。多媒体技术在家庭中的应用将使人们在家中上班成为现实,人们足不出户便能在多媒体计算机前办公、上学、购物、打可视电话、登记旅行、召开电视会议等。多媒体技术还可使烦琐的家务随着自动化技术的发展变得轻松、简单,家庭主妇坐在计算机前便可操作一切。

综上所述,多媒体技术的应用非常广泛,它既能覆盖计算机的绝大部分应用领域,同时也拓展了新的应用领域,它将在各行各业中发挥巨大的作用。正如 ISO、IEC 和 ITU 等国际组织所一致认为的:"没有人能准确无误地预言把电话、电视、传真、计算机、复印机和视频摄像机结合在一起的设备将给我们的工作和生活带来的全部影响"。

1.4 多媒体研究的内容与关键技术

多媒体信息处理的最终目标是能够跨越各种不同网络和设备,透明地、强化地使用多媒体资源。为了实现这个目标,除了需要核心软件、硬件以及相关的外部设备对多媒体支持外,还需要在多媒体信息系统模型、多媒体信息融合理论和实现、多媒体信息的表示、多媒体通信、多媒体系统的服务质量等方面进行深入的研究。这些问题的探讨及解决,在很大程度上影响着多媒体系统性能的提高,甚至影响着新一代多媒体信息处理的发展。多媒体系统的关键技术可以分为如下几个方面:

- 多媒体数据的处理——软/硬件平台、数据压缩技术、多媒体信息转换及融合理论。
- 多媒体数据的存储——存储设备、数据存储与管理。
- 多媒体数据的传输——多媒体计算机网络、服务质量控制、分布式多媒体系统。
- 多媒体输入/输出技术——输入/输出设备、人机界面、虚拟现实技术等。

1. 多媒体专用芯片技术

在多媒体信息处理中,数字化后的音频和视频数据量非常大,而且音频和视频的输入和输出是实时的,需要高速处理,同时还要使这些信息保持同步和保证它们的质量。这就要求提高计算机的处理能力。

提高计算机处理能力最重要的一种手段是扩大处理器中晶体管的数量。巨大的晶体管数量意味着巨大的能耗,随之而来的散热问题也日益凸显。现在的处理器生产工艺达到了 45 纳米,已经接近原子尺寸极限了,且生产线的造价在 30 亿美元以上。多核处理器的出现为解决这个矛盾提供了一种方法。所谓多核处理器,是指将多个运算引擎(内核)封装在一个芯片内部。由于将多个运算引擎封装在一个处理器中,多核处理器节省了大量的晶体管和封装成本,同时还显著提高了工作性能。甚至多核处理器对外的"界面"还是统一的,有的多核产品甚至不会改变针脚数,所以用户在主板、硬件体系方面不会做很大的改变,从兼容性和系统升级成本方面来考虑有诸多的优势。

音频和视频的实时性和大容量的数据需要高速处理器。同时，为了满足信号的高质量和高压缩比，还需要设计复杂的压缩算法和专用的数据处理芯片。目前，多媒体计算机采用了音频和视频扩展板，其中就有专用的音频和视频处理芯片，或者是把这些产品直接集成在系统的主板上，使计算机本身就具备处理多媒体信息的能力。这些专用芯片可归纳为两种类型：一种是固定功能的芯片，一种是可编程的处理器。

第一批固定功能的芯片目标瞄准了图像数据的压缩处理。LSI Logic 公司、SGS-Thomson 公司和 C-Cube 公司都设计制造了这样的芯片，其中 C-Cube 公司生产的 MPEG 解压缩芯片被广泛地应用于 VCD 播放机中。

可编程处理器的例子是现在市场上的数字信号处理器 DSP 芯片。DSP 处理器是一种非常适合进行数字信号处理的微处理器，特别适于高密度、重复运算及大数据流量的信号处理。DSP 相对于一般的微处理器在功能上做了扩充和增强，具有快速的数据处理速度、良好的实时可编程能力、灵活的软/硬件接口以及开发和升级方便等特点，成为实时可编程信号处理系统的主流。由于技术的发展，数字信号处理要求的精度越来越高，处理的信息量越来越大，这就要求 DSP 处理器的速度越来越快。

2003 年，NEC 公司称其已开发出了一种用于图像识别的单芯片并行处理器。这种处理器每秒能处理 50.2G（1G≈10 亿）条指令。这一速度是 3GHz 的 PC 处理器的 4 倍，能耗却只有 1/10。这个由 3270 万个晶体管构成的芯片由一个 128 个 8 位 RISC 处理单元和一个用于控制功能的 16 位处理器并行构成。每个处理单元只有 100MHz 的工作频率，从而大幅降低了能耗，其每个处理单元都拥有 2KB 的存储空间，用于存储图像数据。这个处理器的功耗相当于 PDA 的处理器，图形处理性能相当于 4 台 PC，而尺寸却只有 11mm×11mm。

2. 数据压缩及编码技术

多媒体信息表示中需要解决的一个十分重要的问题是巨大的数据量，尤其是动态图形和视频图像。表 1-2 和表 1-3 中给出了 1 分钟不同格式的音频信号和视频信号所需的存储容量。由此可知，一张容量为 650MB 左右的光盘只能存储不到 3 分钟的 CIF 格式的视频信号。如果把这种格式的视频信号在带宽为 2Mbps 的网络上进行传输，1 分钟的数据约需传输 17 分钟，根本无法保证数据的实时传输。因此，对多媒体信息进行实时压缩和解压缩是十分必要的。

表 1-2　　　　　　　　　　**1 分钟数字音频信号需要的存储空间**

数字音频格式	采样率/kHz	量化位/bits	数据量/MB
电话	8	8	0.48
会议电视伴音	16	14	1.68
CD-DA	44.1	16	5.292×2
DTA	48	16	5.76×2
数字音频广播	48	16	5.763×2

表 1-3　　　　　　　　　　1 分钟数字视频信号需要的存储空间

数字视频格式	分辨率	帧数/秒	数据量/MB
公用中间格式（CIF）	352×288	30	270
CCIR601	PAL 720×576 NTSC 720×480	25 30	1620
HDTV	1280×720	60	3600

如果没有数据压缩技术的进步，多媒体计算机就难以得到实际的应用。数据压缩问题的研究已经进行了五十多年。从 1948 年 Oliver 提出 PCM（Pulse Code Module，脉冲编码调制）编码理论开始，到如今已经成为多媒体数据压缩标准的 JPEG 和 MPEG，已经产生了各种各样针对不同用途的压缩算法、压缩手段，以及实现这些算法的大规模集成电路和计算机软件。

一种有效的压缩算法应考虑媒体的种类、应用的对象、应用要求以及采用的设备特性等因素。具体来说，要对家庭广泛使用的影碟中的图像媒体进行压缩，压缩时间长一些不要紧，关键是解压缩还原时速度要快，并且尽量少用专用设备，这种一个生产者多个消费者的应用在压缩算法非对称时是最理想的。再如，想在电话线上传输视频图像，则要达到极高的压缩比才行，这就要求更有效的算法或技术。近年来提出的分形压缩算法、小波分析压缩算法等，都被看成是最有前景的压缩技术。

3. 多媒体同步技术

多媒体信息本身的特点使各种信息之间在时间上具有一定的相关性，最明显的例子是声音和图像，两者都是时间的函数。多媒体应用允许用户改变事件的顺序并修改多媒体信息的表现。在对多媒体数据进行综合处理时，为了达到较好的信息表示效果，不仅要考虑到各种媒体的相对独立性，还要注意保持媒体之间在时间和空间上的相关性。多媒体系统中各媒体在不同的通信路径上传输，会产生不同的延迟和损伤，从而造成媒体间协同性的破坏。为了定义不同媒体间的相互关系，系统应允许用户规定不同媒体之间如何实现彼此之间的复合同步。

多媒体信息以三种模式相互集成：制约式，交互式，协作式。制约式指一种媒体的状态转移或激活影响到另一种媒体。协作式指两种以上的媒体信息同时存在，这两种模式要求按事件发生的顺序同步，属于基本同步型。交互式指某种媒体上含有的信息变换成另一种媒体信息。

4. 多媒体网络与分布式处理技术

多媒体单机系统目前已相对成熟，但对多媒体计算机网络的研究目前还不够成熟。通常意义上的多媒体计算机网络是指可运行多种媒体的计算机网络。数字化的网络集多媒体信息的获取、存储、处理、编辑、综合、传输于一体，并运行于网络上，网络的任意节点都可以共享网络上的多媒体信息。

多媒体技术要充分发展其对多媒体信息的处理能力，必须与网络技术相结合。如前所述,多媒体信息要占用极大的存储空间,即使将数据压缩,对单机用户来说要想拥有丰富的多媒体信息仍然十分困难。另外,在多个平台上独立使用相同数据不仅开销大而且不经济;在某些特殊情况下,要求许多人共同对多媒体数据进行操作(如视频会议、医疗会诊、多人共同编辑和设计),此时若不借助网络,将无法实现。

运行于网络环境下的多媒体系统,因为能够不受时空限制地使多个用户透明地共享网络上的数据,特别是多个用户同时对同一个数据文件进行编辑,这使多媒体技术有了更广泛的应用。

随着计算机处理数据复杂程度的不断提高,原先处理的简单数据(文本、图像、编程语言)变成了复杂的数据(语音、视频和交互手段等),简单的数据库管理也逐渐转变成了对数据仓库决策的支持,这些都对多媒体系统提出了更高的要求。采用传统的方法是很难完成这些复杂任务的,因此如何在网络环境下将这些复杂任务分解,并借助于网络环境中的不同计算机(可能是异构的)完成这些任务,便成为分布式处理技术的主要研究内容。

5. 信息的组织与管理

多媒体的数据量巨大,种类繁多,每种媒体之间的差异很明显,但这些信息又存在种种关联性,这些都给数据与信息的管理带来了新问题。

关系数据库推动了数据库的研究与发展,但在处理非规则数据方面却显得力不从心,而多媒体数据大多都是非规则化的数据。处理大批非规则数据主要有两个途径:一是扩展现有的关系数据库,二是建立面向对象的数据库系统,以存储和检索特定信息。这两种方法目前都正在研究,其目的都是使未来的多媒体数据库系统能够同时管理传统的规则化数据和多媒体的非规则化数据。

一种新型的信息管理方法,即超文本(Hypertext)与超媒体(Hypermedia)被广泛地应用于多媒体信息的组织与管理中。超文本的本质是采用一种非线性的方式将文本中遇到的一些相关内容组织起来。在这种结构中,相互关联的文本信息按照逻辑关系组成一个个相对独立的信息块,这些信息块通过链接组织在一起形成一个具有一定逻辑结构和语义关系的非线性网络。超媒体的定义是由超文本拓宽而来的,其中的信息块不仅可以是文本信息,而且还可以是图形、图像、声音、动画等其他媒体信息。在超文本与超媒体中,信息的组织按某种方式以非线性的形式进行存储和管理。这样,用户对信息的浏览与使用将更加方便。新的数据组织形式将会带来更为灵活的信息检索形式。

6. 多媒体数据存储

1984年,IBM PC的20MB硬盘似乎已经能够满足各种用户的需要。如今,普通台式PC硬盘的容量已经是当时的几千倍,这已能够满足个人用户存储和处理多媒体数据和信息的需要。但面对海量的多媒体数据,尽管可以通过各种各样的压缩技术将数据压缩到尽可能小的程度,但随着网络技术的不断发展,对网络服务提供商而言,数据的增长速度仍要求硬件的存储能力必须不断提高,因此存储能力的可扩展性仍必须考虑。目前一些新的技术如SAN(Storage Area Network,存域网)已经在实际中得到应用,这些技术的应用为系统的不断升级提供了可能。

由于Internet的普及与高速发展,网络服务器的规模变得越来越大。Internet对服务器本身及存储系统都提出了苛刻的要求。随着新存储体系和方案的不断出现，服务器的存储技术也日益分化为两大类：直接连接存储技术（Direct-Attached Storage，DAS）和存储网络技术。

存储网络技术是近年来出现并高速发展的最新技术，具有很高的安全性，且动态扩展能力极强。

7. 多媒体信息检索技术

随着多媒体技术研究的深入和应用的普及，如何管理、查询、利用多媒体信息成为必须解决的关键技术之一。多媒体数据是连续的、形式多样的，且信息量是海量的。传统的信息检索是采用基于关键词的检索方式，但是，多媒体的内容是难以用几个关键词就充分描述的，而且，作为关键词的信息特征的选取有很大的主观性，因为多媒体数据（如图像、视频）在不同的人眼中可能有不同的理解。另外，关键词不能有效地表示视频数据的时序特征，也不支持语义关系，因此需要开发出一种新的检索技术来检索多媒体数据。

为了适应这一需要，人们提出了基于内容的多媒体信息检索思想。基于内容的检索是指根据媒体和媒体对象的内容及上下文联系在大规模多媒体数据库中进行检索。目前，基于内容的多媒体信息检索的主要工作集中在识别和描述图像的颜色、纹理、形状、空间关系上；对于视频数据，则还有视频分割、关键帧提取、场景变换探测以及故事情节重构等问题。多媒体数据的"内容"表示含义、主题、显著的性质、实质性的东西和物理细节等。对于多媒体数据来说，其内容概念可以在概念级内容、感知特性、逻辑关系、信号特性、特定领域的特征等多个层次上说明。

8. 高速多媒体通信技术

多媒体通信是指在一次呼叫过程中能同时提供多种媒体信息——声音、图形、图像、数据、文本等新型的通信方式，它是通信技术和计算机技术相结合的产物。与电话、电报、传真、计算机通信等传统的单一媒体通信方式相比，利用多媒体通信，相隔万里的用户不仅能声像图文并茂地交流信息，分布在不同地点的多媒体信息还能步调一致地作为一个完整的信息呈现在用户面前，而且用户对通信全过程具有完备的交互控制能力。

高速多媒体通信技术，能满足新一代信息系统中实时多媒体信息传输的需要，网络的带宽要在1000Gbps以上，而且能支持服务质量控制（QoS），以适应不同媒体对传输质量的要求。由于目前的多媒体通信网络要承载多媒体通信业务，因此对骨干网上的路由器也提出了特殊的要求。多媒体通信业务一般通信量都很大，骨干网节点设备承担着整个网络信息通信量的交换，因此对交换能力要求很高。这就对节点路由器提出了很高的要求。

【本章小结】

本章主要介绍了多媒体和多媒体技术的定义及特点；简要回顾了多媒体技术的发展，并列举了一些经典的多媒体产品；从多个方面对多媒体技术的应用进行了描述，其中也包括了一些当前多媒体技术的发展趋势和研究热点；最后对多媒体及多媒体技术的研究内容和需要解决的关键技术进行了讨论。通过本章的学习，应掌握多媒体和多媒体技术的概念，了解多媒体的种类，了解多媒体技术的应用和发展趋势。

习 题 1

一、选择题

1. 多媒体计算机中的媒体信息是指_____。
   A. 数字、文字　　　B. 声音、图形　　　C. 动画、视频　　　D. 图像、动画
2. 多媒体技术的主要特点是_____。
   A. 多样性　　　　　B. 集成性　　　　　C. 交互性　　　　　D. 实时性
3. 媒体中的_____指的是能直接作用于人们的感觉器官，从而使人产生直接感觉的媒体。
   A. 感觉媒体　　　　B. 表示媒体　　　　C. 显示媒体　　　　D. 存储媒体
4. 请根据多媒体的特性判断以下哪些属于多媒体的范畴_____。
   A. 交互式视频游戏　B. 有声图书　　　　C. 彩色画报　　　　D. 彩色电视
5. 根据CCITT媒体可以分为五类，下列属于表示媒体的是_____。
   A. 显示器　　　　　B. ASCII码　　　　 C. ADPC编码　　　　D. 键盘

二、简答题

1. 什么是媒体？它有哪两种含义？
2. 什么是多媒体技术？计算机"多媒体"术语的内涵是什么？
3. 多媒体技术的主要特性包括哪些？
4. 多媒体技术研究的媒体主要指的是表示媒体，表示媒体一般包括哪几部分？
5. 多媒体技术的关键技术主要包括哪几个方面？
6. 简要说明多媒体技术在教育方面的6C应用。

第 2 章　多媒体计算机系统

1984 年，Apple 公司在 Macintosh 计算机中配备了图形用户界面，并支持鼠标和菜单操作，由此将多媒体计算机的研制与发展推向了快车道。多媒体计算机系统把多种信息技术综合应用到一个计算机系统中，并且能同时对多种媒体信息进行处理。如今，计算机处理多媒体信息的能力是人们选购计算机时要衡量的一个重要标准。多媒体计算机系统的发展与中央处理器、各种 I/O 设备、操作系统，以及支持多媒体数据开发的应用软件的发展是紧密关联在一起的。

2.1　多媒体系统的组成

多媒体系统（Multimedia System），是指多媒体终端设备、多媒体网络设备、多媒体服务系统、多媒体软件及有关的媒体数据组成的有机整体。当多媒体系统只是单机系统时，可以只包含多媒体终端系统和相应的软件及数据，例如多媒体个人机（Multimedia Personal Computer，MPC）。而在大多数情况下，多媒体系统是以网络形式出现的，至少在概念上应是与网络互联的，通过网络获取服务，与外界进行联系。从广义上讲，就是信息系统的一种新的形式：多媒体信息系统。

多媒体计算机系统是指以通用或专用计算机为核心，以多媒体信息处理为主要任务的计算机系统。它能灵活地调度和使用多种媒体信息，使之与硬件协调地工作，并且具有交互性。因此多媒体计算机系统是一个复杂的软、硬件结合的综合系统。

典型的多媒体计算机系统有 Amiga 系统、CD-I 系统、DVI 系统、Macintosh 多媒体计算机系统、多媒体工作站以及多媒体个人计算机系统。

2.1.1　多媒体系统的基本组成

多媒体系统是一个复杂的软、硬件结合的综合系统。多媒体系统把音频、视频等媒体与计算机系统集成在一起组成一个有机的整体，并由计算机对各种媒体进行数字化处理。由此可见，多媒体系统不是原系统的简单叠加，而是有其自身结构特点的系统。组成一个成熟而完备的多媒体系统，要求是相当高的。

1. 计算机硬件系统

构成多媒体系统除了需要较高配置的传统计算机硬件之外，通常还需要音频、视频处理设备、光盘驱动器、各种多媒体输入/输出设备等。与常规的个人计算机相比，多媒

多媒体技术与应用

计算机的硬件结构只是多一些硬件的配置而已。目前，计算机厂商为了满足越来越多用户对多媒体系统的要求，采用两种方式提供多媒体所需的硬件：一是把各种部件都做在计算机的主板上，如 Tandy、Philips 等公司生产的多媒体计算机；二是生产各种有关的板、卡等硬件产品和工具，插入现有的计算机中，使计算机升级而具有多媒体的功能。一般来说，多媒体计算机的基本硬件结构有以下基本要求：

(1) 功能强大、速度快、高性能的 CPU。
(2) 可存放大量数据的足够大的存储空间。
(3) 高分辨率的显示接口与设备，可以使动画、图像能够图文并茂地显示。
(4) 高质量的声卡，可以提供优质的数字音响。

2. 多媒体接口卡

多媒体接口卡是根据多媒体系统对获取、编辑音频或视频的需要而插接在计算机上的。多媒体接口卡可以连接各种计算机的外部设备，解决各种多媒体数据输入/输出的问题，建立可以制作或播出多媒体系统的工作环境。常用接口卡包括声卡（音频卡）、语音卡、声控卡、图形显卡、光盘接口卡、VGA/TV 转换卡、视频捕捉卡及非线形编辑卡等。

3. 多媒体外部设备

(1) 视频、音频输入设备：包括 CD-ROM、扫描仪、摄像机、录像机、激光唱盘、MIDI 合成器和传真机、数码相机、触摸屏等。
(2) 视频、音频播放设备：包括电视机、投影仪、音响器材等。
(3) 交互设备：包括键盘、鼠标、高分辨率彩色显示器、激光打印机、光笔等。
(4) 存储设备：如磁盘、WORM 和光存储器等。

4. 多媒体计算机系统框图

由以上部分组成的计算机多媒体系统可以完成以下各部分的工作：

- **音频部分**：负责采集、加工、处理波表、MIDI 等多种形式的音频素材，需要的硬件有录音设备、MIDI 合成器、高性能的声卡、音箱、话筒、耳机等。
- **图像部分**：负责采集、加工、处理各种格式的图像素材，需要的硬件有静态图像采集卡、数字化仪、数码相机、扫描仪等。
- **视频部分**：负责采集、编辑计算机动画、视频素材，对机器速度、存储要求较高，需要的硬件设备有动态图像采集卡、数字录像机以及海量存储器等。
- **输出部分**：可以用打印机打印输出或在显示器上进行显示。显示器可以用来实时显示图像、文本等，但是不能长期保存数据，更不能播放声音，声音需要放大器、喇叭、音响或 MIDI 合成器等设备才能回放。如显示器一类关机后信息就会丢失的输出设备一般称为软输出设备，投影电视、电视等都属于此类；而打印机、胶片记录仪、图像定位仪等则是硬输出设备，它们可以长期保存数据。
- **存储部分**：可以用刻录机刻录成光盘保存。现在硬盘（IDE 硬盘、SCSI 硬盘等）的容量已极大提高，300G 以上硬盘已经出现，另外硬盘的转速也提高很快，目前已经达到每秒 1 万转。

多媒体计算机系统硬件组成框图如图 2-1 所示。

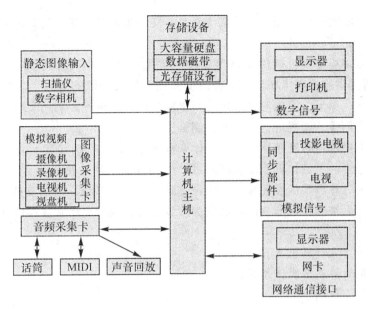

图 2-1 多媒体计算机系统硬件组成框图

2.1.2 多媒体计算机的主要特征

多媒体计算机是指具有多媒体功能，符合多媒体计算机规范的计算机。目前，MPC 在硬件技术和软件技术方面具有五大主要特征。

1. 具有激光驱动

CD-ROM 是多媒体技术的基础，它是最经济实用的数据载体。

2. 输入手段丰富

多媒体计算机的输入手段很多，用于输入各种媒体内容。除了常用的键盘和鼠标以外，一般还具备扫描输入、手写输入和文字识别输入功能等。

3. 输出种类多且质量高

多媒体计算机可以以多种形式输出多媒体信息。例如，音频输出、投影输出、视频输出以及帧频输出等。

4. 显示质量高

由于多媒体计算机通常配备先进的高性能图形显卡和质量优良的显示器，因此图像的显示质量比较高。高质量的显示品质为图像、视频信号、多种媒体的加工和处理提供了不失真的参照基准。

5. 具有丰富的软件资源

多媒体计算机的软件资源必须非常丰富，才能满足多媒体素材的处理以及程序的编制需求。

目前，大量多媒体视听软件均以 Windows 环境为操作平台，可以方便地在 MPC 上运行。MPC 所提供的多媒体环境，正在改变人们使用计算机的方式。人们不仅可以看到显示器上的文字、图形、图像等信息，还可以同步地听到声音。利用多媒体系统提供的编辑功能，还能对图像、影视进行配音和录制。

MPC3 标准要达到的目标是使多媒体计算机能在 CD 级音响伴奏下播放全屏幕 MPEG 视频。目前市场上的主流计算机配置都超过了 MPC3 对硬件的要求。

多媒体个人计算机系统发展速度最快，并且得到了大部分厂商的支持，它是以 PC 为基础增加多媒体升级套件而形成的，已成为多媒体计算机的主流。多媒体计算机系统可以划分为 3 类：

(1) 多媒体个人计算机 MPC。
(2) 通用的计算机多媒体系统。
(3) 多媒体工作站。

2.2 常用的 I/O 设备

多媒体 I/O 设备可以粗略地分为如下三类：输入设备，输出设备，用于网络通信的通信设备。

2.2.1 输入设备

计算机输入设备除了常用的基本配置，如键盘、鼠标等外，还包括为满足应用需要而配置的其他输入设备，如手写板、磁卡设备、IC 卡设备、条码设备、图像扫描仪、数字化仪、触摸屏、视频卡和视频捕捉卡等。

1. 手写板

使用键盘输入汉字是计算机在我国广泛普及的障碍之一，而中文手写输入设备的出现使克服这一障碍有了希望。如汉王笔主要由一块手写板和一支笔组成，使用时可直接连到串口上。手写板和手写笔大多是配套使用的，所以手写笔和手写板常常相互支撑。从技术的角度说，更为重要的是手写板的性能。目前，市场上有 3 种手写板：电阻压力板，电磁感应板，电容触控板。

电阻压力板由一层可变形的电阻薄膜和一层固定的电阻薄膜构成，中间由空气相隔离。其工作原理是：当用笔或手指对上层电阻加压使之变形并与下层电阻接触时，下层电阻薄膜就感应出笔或手指的位置。

电阻压力板是早期手写板采用的技术，由于其原理简单，工艺不复杂，成本较低，价格也比较便宜，所以曾风行一时，但其不尽如人意的地方也不少。比如，由于它是通过感应材料的变形来工作的，材料容易疲劳，使用寿命较短。虽然电阻压力板可以直接用手指操作，但对手指感触不灵敏，而且使用时压力不够则没有感应，压力太大时又易损伤感应板，使用者手指很快感觉疲劳。另外，由于使用时要加压，手写板实际上也不能当鼠标使用。

电磁感应板通过手写板下方的布线电路通电后，在一定空间范围内形成电磁场，以感应带有线圈的笔尖的位置而进行工作。

目前这种技术被广泛使用，主要是其良好的性能决定的，它可以流畅地书写，手感很好。电磁感应板分为"有压感"和"无压感"两种，其中有压感的输入板能感应笔画的粗重、着色的浓淡。

电容触控板的工作原理是通过人体的电容来感知手指的位置。即当手指接触到触控板的瞬间，就在板的表面产生了一个电容。在触控板表面附着一种传感矩阵，它与一块特殊芯片一起持续不断地跟踪着手指电容的"轨迹"，经过内部一系列的处理从而每时每刻精确定位手指的位置（X坐标和Y坐标），同时测量由于手指与板间距离（压力大小）形成的电容值的变化，确定Z坐标，从而确定坐标值(X, Y, Z)。所以这种笔无需电源供给，特别适合于便携式产品。这种触控板是在图形板方式（graphics table mode）下工作的，其坐标X和Y的精度可高达每英寸1000点（每毫米40点）。

与前面两种技术相比，它表现出了更加良好的性能：由于轻触即能感应，用手指和笔都能操作，使用方便。手指和笔与触控板的接触几乎没有磨损，性能稳定，机械测试使用寿命长达30年。

手写笔也是手写系统中一个很重要的部分。较早的手写笔要从手写板上输入电源，因此笔的尾部均有一根电缆与手写板相连，这种手写笔也称为有线笔。较先进的手写笔在笔壳内安装有电池，有的借助于一些特殊技术而不需要任何电源，因此不需用电缆连接手写板，这种笔也称为无线笔。无线笔的优点是携带和使用起来非常方便，同时也较少出现故障。手写笔一般还带有两个或三个按键，其功能相当于鼠标按键，这样在操作时就不必在手写笔和鼠标之间来回切换了。

除了硬件外，手写笔的另一项核心技术是手写汉字识别软件。目前各类手写笔的识别技术都已相当成熟，识别率和识别速度也完全能够满足实际应用的要求。

2. 图像扫描仪

扫描仪是一种图像输入设备，可以将图像输入到计算机。扫描仪的主要性能指标如下：

- 分辨率——以每英寸上扫描像素点数（dpi）表示，分辨率越高，图像越清晰。目前，扫描仪分辨率为300～1200dpi。
- 灰度——图像亮度层次范围。灰度级数越多，图像层次越丰富。目前，扫描仪可达250级灰度。
- 色彩度——彩色扫描仪支持的色彩范围，用像素的数据位来表示。24位的真彩色可以产生16M种颜色。
- 速度——在指定的分辨率和图像尺寸下的扫描时间。

- 幅面——扫描仪支持的幅面大小，如 A4，A3 等。

扫描仪按幅面大小可分为台式扫描仪和手持式扫描仪，按图像类型可分为灰度扫描仪和彩色扫描仪。

3. 触摸屏

触摸屏是一种定位设备，当用户用手指或其他设备触摸安装在计算机显示器前面的触摸屏时，所摸到的位置（以坐标形式）被触摸屏控制器检测到，并通过串行口或其他接口送到 CPU，从而确定用户所输入的信息。触摸屏的引入主要是为了改善人与计算机的交互方式，特别是非专业人员，使用时可以将注意力集中在屏幕上，有效地提高人机对话的效率，实际使用时往往还能引起人们对计算机的兴趣。

广义来看，触摸屏不仅能附在计算机的显示器上，也可以附在任何监视器上，如阴极摄像管（CRT）、液晶显示器（LCD）、发光显示器（LED 阵列），而且可以做成任何形状，如平面、球面或柱面。

计算机上使用的触摸屏系统一般由两部分组成——触摸屏控制卡和触摸检测装置。触摸屏控制卡有自己的 CPU 和固化的监控程序，其作用是从触摸检测装置上接收触摸信息，将其转化为触点坐标，并送给主机，同时还能接收主机发来的命令并加以执行。触摸检测装置则直接安装在监视器前端，主要用于检测用户的触摸位置，并将该信息传递到触摸屏控制卡。

触摸屏根据所用的介质以及工作原理，可分为如下 4 种：

- 电阻式——用两层高透明的导电层组成触摸屏，两层之间距离仅为 $2.5\ \mu m$。当手指按在触摸屏上时，该处两层导电层接触，电阻发生变化，在 x 和 y 两个方向上产生信号，然后送至触摸屏控制器。
- 电容式——把透明的金属层涂在玻璃板上，当手指触摸在金属层上电容发生变化时，使与之相连的振荡器频率发生变化，通过测量频率变化可以确定触摸位置。
- 红外线式——在屏幕周边成对安装红外线发射器和红外线接收器，接收器接收发射器发射的红外线，形成红外线矩阵。当手指按在屏幕上时，手指阻挡了红外线，这样在 x 和 y 两个方向接收信息。
- 声表面波式——由触摸屏、声波发生器、反射器和声波接收器组成。发出的声波在触摸屏表面传递，经反射器传递给声波接收器，声波转主机。声表面波式触摸屏效果比较好，目前应用比较广泛。

4. 视频捕捉卡

视频捕捉卡是把输入的模拟视频信号，通过内置芯片提供的捕捉功能转换成数字信号的设备，一般以内置 PCI 插卡为主。厂商根据不同的用户层次提供不同性能和价格的产品。普通产品一般只能达到 176×144 或 160×120 分辨率以下的非压缩捕捉。这种视频捕捉卡价格便宜，主要用来连接模拟视频输出的微型摄像头，效果与数码一体化摄像头差不多，可应用于视频电话等，因此这类产品多为简单的视频捕捉设备。用于业余视频制作的产品则必须提供 352×240 分辨率以下 30 帧/秒（NTSC）或 352×288 分辨率下 25 帧/秒（PAL）的标准视频捕捉能力。由于是针对业余用户，这类捕捉卡并未提供硬件压缩芯片，捕获的视频流多以 AVI 格式存放在硬盘上，在后期制作时可压缩成不同格式的视频文件，其中包括可以在 VCD 机上播放的 MPEG 文件。有些昂贵的视频捕捉卡往往带有实时视频压缩功能，适用于专业应用。

2.2.2 输出设备

视频输出设备（显示器）和打印机是最常用的两种多媒体输出设备。

1. CRT 显示器

使用 CRT（Cathode Ray Tube）的图像显示设备大致可分为两大类型：一是用于图像处理领域里的图像显示器，二是用于图形处理领域里的矢量方式图形显示器。CRT 由德国人布劳恩发明，也称为布劳恩管。通常，CRT 显示器是一种在计算机输出显示或图像信息系统中使用的电视监视器。CRT 显示器的种类是根据所使用的 CRT 的种类分类的，有存储型、随机扫描型（XY 型）以及光栅扫描型（如家用电视机）等。

（1）存储型 CRT

存储型 CRT 是一种具有存储和显示图像信息功能的布劳恩管。无网络二值电位存储管的结构中，背面电极由透明电极层和黑色矩阵构成，在矩阵孔部分有由荧光点形成的存储荧光面。

（2）随机扫描型 CRT（XY 型）

XY 型 CRT 在示波器等大计量设备上大量使用。XY 型 CRT 由电子枪和 XY 偏转板组成，偏转板由两块金属板对向配置而成，当把偏转电压加到这对金属板时，就可改变电场强度，使电子束发生偏转。

在高速显像系统中，电子束扫过荧光面的速度快，因此亮度下降，只有提高加速电压才能提高亮度，然而提高加速电压又会降低偏转灵敏度。为解决这一问题，通常采用各种后加速方式。

2. 液晶显示器（LCD）

LCD 是一种低电压、低功耗器件，可直接由 MOS-IC 驱动，因此器件和驱动系统之间的配合较好。其优点是平面型，结构简单，显示面也可任意加工制作，使用寿命比较长，目前已知达 50000 小时以上的寿命。此外，它是反射型的，在室内条件下也容易观看，因此从台式计算机、钟表、玩具等民用品到测量仪器等工业用品都有广泛应用，并且已应用于个人计算机、字处理器、电子打字机、收款机等字符显示器。

液晶显示器的优点相当多，如轻薄短小，大幅节省摆放空间。具体来说，液晶显示器体积仅为一般 CRT 显示器的 20%，重量则只有 10%；相当省电，耗电量仅为一般 CRT 显示器的 10%。此外，液晶显示器除了可放置于桌上之外，也可以悬挂于墙上。

作为液晶显示器主要构成部分的液晶是什么呢？液体分子的排列虽然不具有任何规律性，但是如果这些分子是长形的（或扁形的），它们的分子指向就可能有规律性。那些分子具有方向性的液体则称为液态晶体，简称为液晶。液晶不仅具有一般晶体的方向性，同时又具有液体的可流动性。液晶的方向可由电场或磁场来控制，这是一般的晶体无法达到的。所以，用液晶制作的组件，通常都将液晶包在两片玻璃中。而玻璃的表面镀有一层导电材料作为电极，还有一层材料是配向剂，根据它的种类及处理方法来控制在没有电场或磁场时液态晶体的排列情形。

液晶显示器在一定电压下（仅为数伏），使液晶的分子改变排列方式，由于分子的再排列，使液晶及其玻璃构成的显示屏的光学性质发生变化，因而显示出不同颜色。也就是说，液晶显示器是一种液晶利用光调制的受光型显示器件。

液晶显示器按技术性质可分为单纯矩阵驱动和主动矩阵驱动两种。单纯矩阵驱动又可分为 TN 型（扭曲转向型）、STN 型（超扭转向列型）和 FLCD 型（强诱电型），但都存在色彩不佳、速度较慢、视角较狭等问题。为了改进上述缺点，经过不断的研究，人们开发出了主动矩阵驱动式液晶显示器，它可细分为 MIM 型（二极管型）、TFT 型（薄膜型）和 PD 型（聚合物分散型）。TN 型液晶显示器主要应用于静态数字显示，并以 3 英寸产品为主。STN 型液晶显示器则朝着大型化发展，应用于信息处理、电子记事簿、便携式 PC 等文字或绘图用的计算机产品。TFT 液晶显示器开发成功后，由于其具有反应速度快的特性，被广泛应用于电视投影机、彩色电视机、摄放录像机、工作站、便携式 PC 以及台式 PC 等。现在 TFT 液晶显示器已成为发展的主要方向，它使液晶显示器进入高画质、真彩色图像显示的新阶段。

3. 等离子显示器（PDP）

等离子显示器又称电浆显示器，是继 CRT、LCD 后的新一代显示器，其特点是厚度极薄，分辨率高，可以当家中的壁挂电视使用，占用空间很少，代表了未来显示器的发展趋势。等离子显示技术之所以令人激动，主要由于以下两个原因：①可以制造出超大尺寸的平面显示器（50 英寸甚至更大）；②与阴极射线管显示器不同，它没有弯曲的视觉表面，从而使视角扩大到了 160°以上。另外，等离子显示器的分辨率等于甚至超过传统的显示器，所显示图像的色彩也更亮丽、更鲜艳。

等离子显示技术的基本原理是：显示屏上排列有上万个密封的小低压气体室（一般都是氙气和氖气的混合物），电流激发气体，使其发出肉眼看不见的紫外光，这种紫外光碰击后面玻璃上的红、绿、蓝三色荧光体，它们再发出在显示器上能看到的可见光。

4. 背投电视

背投（Rear Projector）是相对于正投（Front Projector）而言的。从原理上讲，背投和正投是相同的。简单地说，正投是观察者和投影机位于反射屏幕的同一侧，从投影机投射出来的光照射到屏幕，观察者看到的是屏幕反射回来的光；背投是观察者和投影机位于背投屏幕的两侧，将投影机安装在机身内的底部，从投影机投射出来的光照射到半透明的背投屏幕时会有部分光透过，观察者看到的是透射出来的光。图像的放大是由光源和屏幕之间的反光镜使光线弯曲而实现的。

由于光源与屏幕之间是闭合的，因此受观赏环境的影响较小，在较亮的环境中也可以完好地显示图像，也可以方便地接入电视信号。但其光路结构远比前投影型电视复杂得多，因此体积比传统 CRT 电视大得多。根据其采用的投影机种类，背投电视可以分为 CRT、LCD、DLP（数字光处理器）、LCOS（反射液晶）等类型。

CRT背投电视的工作原理与CRT显示器大致相同，使用CRT技术的投影机就是我们常说的三枪投影机。CRT背投具有技术成熟、亮度高、连续使用时间长、价格较低等优点。但具有亮度很难提升、显像管易老化、长期使用画面会变暗、清晰度降低等缺憾，而且是非数字技术产品。

LCD背投利用成熟的液晶投影技术，亮度和分辨率相对CRT背投电视有明显优势，其色彩还原性好，色彩饱和度优于CRT背投，且无辐射、能耗低。随着技术的不断提高，LCD投影的使用寿命（主要是灯泡寿命）有了较大提升，已接近普通电视机使用的寿命。但限于其工作原理上的原因，LCD背投在显示文本时边缘大都有阴影和毛边，像素点之间有间隙，而且不能随开随关，开机预热和关机后散热都需要时间。

DLP背投亮度高，清晰度高，画面均匀，色彩锐利，连续使用时间长，功能完备。DLP中数字技术的采用，使图像灰度等级提高，图像噪声消失，画面质量稳定，数字图像非常精确。DLP技术中反射式DMD器件的应用，使成像器件的总光效率大大提高，对比度、亮度、均匀性都非常出色。DLP技术比CRT和LCD更容易实现小型化，而且成本更低。

LCOS（Liquid Crystal on Silicon）是一种全新的数码成像技术，LCOS背投具有高亮度、高解析度、低功耗的优点。目前，基于LCOS技术的产品难以组装，故成品率较低，成本较高，还没有形成大规模量产。由于LCOS很容易实现高分辨率和充分的色彩表现，显示芯片的量产具有大幅度降低成本的潜力，随着技术成熟，一旦实现大规模量产，将会有非常好的市场前景。

5．显卡

显卡的主要作用是对图形函数进行加速。早期的计算机中，CPU和标准的EGA或VGA显卡以及帧缓存（用于存储图像），可以对大多数图像进行处理，但是它们只是起一种传递作用，我们所看到的就是CPU所提供的。这对老的操作系统（像DOS）和文本文件的显示是足够的，但是对复杂的图形和高质量的图像的处理就显得力不从心了，特别是当用户使用Windows操作系统后，CPU已经无法对众多的图形函数进行处理，而最根本的解决方法就是图形加速卡。图形加速卡拥有自己的图形函数加速器和显存，这些都是专门用来执行图形加速任务的，因此可以大大减少CPU所需处理的图形函数。比如我们想画个圆，如果仅仅让CPU做这个工作，它就要考虑需要多少个像素来实现，用什么颜色，但如果图形加速卡芯片具有画圆这个函数，CPU只需要告诉它"画个圆"，剩下的工作就由加速卡来进行。这样CPU就可以执行其他更多的任务，从而提高了计算机的整体性能。

实际上，现在的显卡都已经是图形加速卡，它们多多少少都可以执行一些图形函数。通常所说的加速卡的性能，是指加速卡上的芯片集能够提供的图形函数计算能力，这个芯片集通常也称为加速器。显卡的性能与采用的RAM有关。

作为显卡的重要组成部分，显存也一直随着加速芯片的发展而逐步改变。从早期的DRAM到SDRAM，再到现在广泛流行的DDR，显存的速度以及它对3D加速卡性能的影响也越来越大。显存也被称为帧缓存，通常用于存储显示芯片/组所处理的数据信息。当显示芯片处理完数据后会将数据送到显存中，然后RAMDAC从显存中读取数据并将数字信号转换为模拟信号,最后将信号输出到显示屏。所以显存的速度以及带宽直接影响着加速卡的速度。

现在广泛流行的是 GeForce 系列的显卡。最早的 GeForce256 芯片提供硬件光影转换引擎,引入了图形处理的概念,开创了图形处理的新时代,它集成了 2200 多万个晶体管,使图形处理工作可以由图形芯片独立执行完成。显存可采用 SDR 或者 DDR,采用 DDR 的显卡要比采用 SDR 的显卡在性能上提高很多倍。GeForce2 则具有高效的像素处理和全屏反锯齿功能。GeForce3 的顶点和像素渲染引擎(nfiniteFX)、光速内存架构(LMA)以及高分辨率反锯齿(HRAA)的特性,使画面看起来更加栩栩如生。新的 GeForce4 显卡提供了 nfiniteFX II 引擎、LMAII 构架以及多重取样反锯齿,使 3D 处理能力充分展现出来,而且它拥有容量很大的显存,分辨率高,处理速度很快,因此画质异常出色。

GeForce4 芯片采用了 0.15 微米制造技术,可以集成 6300 万个晶体管,它的核心频率为 275MHz,显存的频率为 650MHz。它有很多优点:其双顶点影像渲染管道使得在完全启动动画的光影效果时不会影响到系统的性能,而且它使用了 nfiniteFX II 引擎,加强了像素影像效果,可以同时处理 3～4 个纹理;它的 LMAII 构架中最具特色和创新的是横向内存控制器,由 4 个 64 位的内存控制器组成,可以并行工作,提高了显存带宽的利用率,而且新增加的消除提询功能让 CPU 来检测某一渲染区域或者图块是否可见,从而提高了效率;另外,在这个构架中还有 Quad 缓存来作为存储原始顶点、纹理和像素信息的缓冲,提高了图像处理的效率。

6. 打印机

打印机是一种最传统的标准计算机输出设备。目前,市场上的打印机主要分为击打式和非击打式两大类。其中,击打式打印机以点阵式打印机(Dot Matrix Printer)为主,非击打式打印机以激光打印机(Laser Jets Printer)和喷墨打印机(Ink Jets Printer)为主。

点阵式打印机具有结构简单、体积小、重量轻、价格低、维护方便、可靠性好等优点,至今在我国中低档打印机市场上仍占据很大份额。它适合于数量大、精度和质量要求不高,而且对环境噪声能够忍受的场合,同时多层打印是该类打印机独有的。

喷墨打印机是近年成熟起来的一种低噪声印刷技术,其基本工作原理是热喷墨技术,即通过喷射的墨水在纸张上打字。其打印的精度大大高于点阵式打印机,其弱点是墨水质量要求高,消耗品的费用较高。

激光打印机是一种高质量、高速度的高档计算机输出设备。这种打印机采用电子扫描技术,最大的特点是打印功能极强,输出质量高、速度快、噪声很低,可以使用普通纸,特别在图形功能和字体变化功能方面是其他打印机无法替代的。

高档彩色打印机是指可打印彩色图形和文字的喷墨和激光打印机,其图像的输出质量已达到照片级的质量水平,可以分为 3 类:

- 热升华打印机——打印连续色调照片品质图像的唯一选择。其工作原理是先加热含有染料的色带,然后把染料熔化到特殊的覆膜纸或透明胶片上。此类打印机的缺点是打印纸必须使用照片类型的厚纸,价格很高。
- 热转印打印机——它把加热的蜡墨粘贴在打印纸或透明胶片上。

- 固态喷墨打印机 —— 其工作原理是将喷墨熔化后喷洒在打印纸上。这种打印机能通过送纸装置，在任何纸上打印鲜明的色彩。其缺点是对透明胶片打印质量欠佳，干燥后透明胶片上会产生蜡点，即使采用平滑蜡点的额外步骤，也不十分奏效。

2.3 多媒体音频设备

音频卡（声卡）已经成为多媒体计算机不可缺少的重要组成部分。音频卡是处理各类型数字化声音信息的硬件，大多以插件的形式安装在计算机的扩展槽上，也有的与主板集成在一起。

2.3.1 声卡的功能

声卡在多媒体计算机系统中的作用如下：

（1）录制（采集）、编辑、还原数字声音文件。通过声卡及相应驱动程序的控制，可采集来自话筒、收录机等音源的信号，压缩后存放于个人计算机系统的内存或硬盘中；将硬盘或激光盘片上压缩的数字化声音文件还原，重建高质量的声音信号，放大后通过扬声器输出；对数字化的声音文件进行编辑加工，以达到某一特殊效果；控制音源的音量，对各种音源进行混合，即声卡具有混响器的功能。

（2）采集时，对数字化声音信号进行压缩以便存储；播放时，对压缩的数字化声音文件进行解压缩。

（3）利用语音合成技术，通过声卡朗读文件信息，如读英文单词或句子。

（4）利用语音识别技术，通过声卡识别操作者的声音实现人机对话。

（5）提供 MIDI 功能，使计算机可以控制多台具有 MIDI 接口的电子乐器。同时，在驱动程序的控制下，声卡将以 MIDI 格式存放的文件输出到相应的电子乐器中，发出相应的声音。

2.3.2 声卡的结构

声卡由声音处理芯片、功率放大器、总线连接端口、输入/输出端口、MIDI 及游戏杆接口（共用一个）、CD 音频连接器等构成。不同的声卡布局虽然不同，但是即使是最简单的声卡也具有以下结构组件：

1. 声音处理芯片

声音处理芯片决定了声卡的性能和档次。其基本功能包括采样和回放控制、处理 MIDI 指令等，有的还有混响、合声等功能。

2. 功率放大芯片

从声音处理芯片出来的信号不能直接驱动喇叭，功率放大芯片（简称功放）将信号放大以实现这一功能。

3. 总线连接端口

声卡插入到计算机主板上的那一端称为总线连接端口，它是声卡与计算机交换信息的桥梁。根据总线可把声卡分为 PCI 声卡和 ISA 声卡。目前市场上多为 PCI 声卡。

4. 输入/输出端口

在声卡与主机箱连接的一侧有多个插孔，声卡与外部设备的连接如图 2-2 所示。

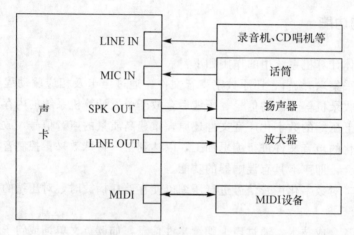

图 2-2 声卡与外部设备连接

（1）Speaker Out 端口连接外部音箱。
（2）Line In 端口连接外部音响设备的 Line Out 端。
（3）Line Out 端口连接外部音响设备的 Line In 端。
（4）Mic In 端口用于连接话筒，可录制解说或者通过其他软件（如汉王等）实现语音录入和识别。

上述 4 种端口传输的是模拟信号。如果要连接高档的数字音响设备，需要有数字信号输入/输出端口。高档声卡能够实现数字声音信号的输入/输出功能。输出端口的外形和设置随厂家不同而异，具体可以查看随卡说明书。

5. 跳线和接口

较早期面市的声卡上多数都有跳线，其作用是给声卡设置通道和中断信号，操作系统与声卡能进行信号传输。现在绝大多数声卡采用了软件设置通道的方式，其上还是有跳线，这种跳线的作用是区分输出的插孔是 Speaker Out 还是 Line Out。

2.3.3 声卡的种类

目前计算机硬件市场的声卡主要分为两类：8位声卡和16位声卡。

1. 8位声卡

8位声卡最高采样频率为22 kHz（即每秒采样22000个点），每一个采样点用8位二进制表示，即对模拟信号的分辨率为1/256，效果较差。

2. 16位声卡

目前，16位声卡已广泛取代了8位声卡。16位声卡的最高采样频率为44.1 kHz（即每秒采样44100个点），每一采样点用16位二进制表示，即对模拟信号的分辨率为1/65536，效果较好。16位声卡几乎都是双声道（即立体声），近期推出的16位声卡采用了数字信号处理芯片，大大减轻了多媒体个人计算机系统的负担。

2.4 多媒体数字摄像设备

数码产品分为数码影像类、数码随身听和掌上电脑三大类，也有一些其他数码周边产品。本节主要介绍数码影像类设备，这类设备主要分为数字摄像头、数码相机和数码摄像机三种。感光器件是数码影像类器件中非常关键的设备，因此首先介绍CCD和CMOS。

2.4.1 数字摄像头

摄像头分为数字摄像头和模拟摄像头两大类。模拟摄像头捕捉到的视频信号必须经过特定的视频捕捉卡将模拟信号转换成数字信号并加以压缩，然后才可以转换到计算机上运算。数字摄像头可以直接捕捉影像，然后通过串/并口或者USB接口传到计算机。

市场上的摄像头基本以数字摄像头为主，而数字摄像头中又以USB数字摄像头为主。数字摄像头主要包括以下几个参数：

1. 最大分辨率

一般在最大分辨率下生成的图片文件的数据量较大。

2. 传感器像素

传感器像素是衡量摄像头的一个重要指标。一般地，像素较高的产品其图像的品质更好。但另一方面，也并不是像素越高越好。对于同一个画面，像素越高的产品它的解析图像的能力越强，为了获得高分辨率的图像或画面，它记录的数据量也必然大得多，对于存储设备的要求也就高得多。

3. 接口类型

数字摄像头的连接方式基本通过 3 种方式实现：接口卡、并口和 USB 接口。接口卡式数字摄像头一般通过摄像头专用卡来实现，厂商多会针对摄像头优化或添加视频捕捉功能，在图像画质和视频流的捕捉方面具有较大的优势。但由于各厂商接口卡的设计各不相同，产品之间无法通用，加上价格也不便宜，因而适合需要追求较高画质的用户选择。并口式数字摄像头的优点在于适应性较强（每台机器都有并口），不过数据传输率较慢，实用性大为下降，对于普通用户来说，还是可以接受的。USB 接口方式是目前主流的走向，现有的主板都支持 USB 连接方式，而且现在的数字摄像头的功耗较小，依靠 USB 提供的电源就可以工作，这样可以省去外接电源。

4. 色彩位数

色彩位数又称为彩色深度。数码摄像头的色彩位数反映了摄像头能正确记录的色调有多少。色彩位数的值越高，就越可能真实地还原亮部及暗部的细节。目前，几乎所有的数码摄像头的色彩位数都达到了 24 位，可以生成真彩色的图像。

5. 感光器件

传感器类型镜头是组成数字摄像头的重要组成部分，根据元件不同分为 CCD 和 CMOS。

6. 最大帧数

数字摄像头的视频捕捉能力是用户最为关心的功能之一。很多厂家都声称 30 帧/秒的视频捕捉速度，但实际使用时这个指标要打一些折扣。目前，数字摄像头的视频捕捉都是通过软件来实现的，因此对计算机的要求非常高，即 CPU 的处理能力要足够快。其次，对画面的要求不同对捕捉能力的要求也不尽相同。现在的数字摄像头捕捉画面的最大分辨率为 640×480，但没有任何数字摄像头能达到 30 帧/秒的捕捉效果，因此画面会产生跳动。比较现实的是在 320×240 分辨率下，依靠硬件与软件的结合尽可能达到标准速率的捕捉指标，所以完全的视频捕捉速度只是一种理论指标。

2.4.2 数码相机

所谓数码相机，是指能够进行拍摄，并且能通过自身内部进行处理，把拍摄到的景物转换为数字格式进行存储的照相机。随着数字技术的不断成熟和发展，数码相机不但开始在各大会议室、娱乐厅等公众场所广泛使用，而且普通用户也开始广泛使用了。200 万像素及以下的中低档数码相机，以其成熟的技术、低廉的价格得到普通用户的认可。

与数字摄像头类似，数码相机根据所采用的影像感应器也分为 CCD 和 CMOS 两种，除此之外，它还具备一些不同于数字摄像头的特征（以 CCD 数码相机为例）。

1. 像素

CCD 是数码相机的心脏,也是决定数码相机制造成本的最为主要的因素,因此成为划分数码相机档次的根本。CCD 的像素值与拍摄图像的最大像素值(分辨率)是两个相关概念,但 CCD 的像素值才是区分数码相机档次的根本。由于 CCD 作为数码相机的感光器件,CCD 边缘的感光单元都会出现偏色和模糊,因此在产生图像时,数码相机会自动剪除边缘的像素点,所以一般 CCD 的像素值会大于拍摄图像的像素值(分辨率)。

2. 镜头

照相机镜头是选择相机的首要部件,镜头的好坏是影响图像质量的关键因素,数码相机的镜头比一分硬币还小。数码相机的感光元件是 CCD,普及型数码相机用的 CCD 一般是 2/3 英寸、1/2 英寸或 1/3 英寸,面积比传统的 35mm 底片小得多。但是照相机镜头直径越大越好,因为大镜头对成像边缘清晰度大有好处。而对于镜头,其重要指标就是焦距值。由于 CCD 面积较小,标称的焦距值也较小,为了方便比较,厂家往往会给出一个对应 35mm 相机的对比值。好的数码相机采用了光学分辨率较高的镜头,大多数数码相机都有光学变焦镜头,但其变焦范围非常有限,所以一般都可以安装附加的远距照相镜头和过滤器。有一些数码相机还有数码变焦功能,可以使变焦范围再度扩大。

3. 快门

快门是数码相机的一个很重要的部件,而快门的速度是数码相机的一个很重要的参数,不同型号的数码相机的快门速度是完全不一样的。按快门时要考虑其快门的启动时间,并且掌握好快门的释放时机,才能捕捉到生动的画面。通常,普通数码相机的快门大多在 1/1000 秒之内,基本上可以应付一般的日常拍摄。快门的延迟也非常重要,如 C-2020Z 最长具有 16 秒的快门,用来拍夜景足够了。但是,快门太快,照片中会出现杂条纹。

2.4.3 数码摄像机

数码摄像机是指能够拍摄连续动态视频图像的数码影像设备,它能提供 500 线的水平解析度,色彩也较传统模拟摄像机高 6 倍之多,色彩及影像更清晰,配备数字立体声模式,音质可媲美专业级 CD 音质。通过数码端子 i.LINK 输入/输出接口,数码摄像机能以数字对数字的形式连接,随意进行数字复制或编辑,有效地保证了画质的清晰。数码摄像机与计算机的连接,使人们可以利用计算机来完成影像编辑、后期加工处理等。从目前市场上的产品来说,数码摄像机可以分为单 CCD 家用级和可用来替代专业机型的 3CCD 数码摄像机,3CCD 数码摄像机在成像精度和色彩还原方面的性能要更高一些。

1. 摄像机的镜头

要使数码摄像机所拍摄出来的影像效果尽可能清晰、自然,除了拥有高解析度的 CCD 传感芯片外,摄像机光学镜头也是一个重要因素。为此,许多摄像机大厂都为自己的产品配有优质镜头。

2. 光学变焦和数码变焦

光学变焦是依靠光学镜头结构来实现变焦的,充分利用 CCD 的像素,使拍摄的图像尽可能清晰、自然。目前,被称为光学极品的镜头叫做蔡司镜头。镜头的最大光圈也是一个重要参数,因为在目前的家用数字式摄像机中,大光圈意味着能在低照度的情况下拍摄。

数码变焦实际上是将画面放大,把原来 CCD 上的一部分图像放大到整幅画面,以复制相邻像素点的方法补进一个中间值,在视觉上给人一种画面被拉近了的错觉。其实,利用数码变焦功能拍摄的画面质量粗糙,图像模糊,并无多少实际的使用价值。

3. 静态图像存储和视频输出

数码摄像机利用 i.LINK 数码输入/输出(IEEE 1394 标准)可以直接将影像输入到计算机中。现在市场上出售的数码摄像机基本上都带有模拟输出接口,这样只要将模拟视频、音频输出端子接到电视机相应的输入接口,用户就可以直接在电视机中播放影像。但有的数码摄像机自身没有带模拟音频输出端子,这就需要通过一个转换适配器。

【本章小结】

本章介绍了多媒体系统,较详细说明了多媒体计算机的硬件内容,重点掌握 MPC 的概念、基本结构和主要特征。通过本章的学习,主要掌握多媒体计算机输入/输出设备、多媒体音频设备和数码影像设备的使用,了解其工作原理。

习 题 2

一、选择题
1. 下列配置中 MPC 必不可少的是_____。
 A. CD-ROM 驱动器 B. 高质量的声卡
 C. 高分辨率的图形、图像显示 D. 高质量的视频采集
2. 数字音频采样和量化过程所用的主要硬件是_____。
 A. 数字编码器 B. 数字解码器
 C. A/D(模/数)转换器 D. D/A(数/模)转换器
3. 在数字音频获取与处理过程中,_____顺序是正确的。
 A. A/D 变换、采样、压缩、存储、解压缩、D/A 变换
 B. 采样、压缩、A/D 变换、存储、解压缩、D/A 变换
 C. 采样、A/D 变换、压缩、存储、解压缩、D/A 变换
 D. 采样、D/A 变换、压缩、存储、解压缩、A/D 变换
4. _____采集的波形声音质量是最好的。
 A. 单声道、8 位量化、22.05kHz 采样频率

B. 双声道、8位量化、22.05kHz 采样频率
C. 单声道、16位量化、22.05kHz 采样频率
D. 双声道、16位量化、44.1kHz 采样频率

5. MIDI 音乐的合成方式是_____。
   A. FM　　　　　B. 波表　　　　　C. 复音　　　　　D. 音轨
6. 视频采集卡支持多种视频源输入，_____是属于视频采集卡支持的视频源。
   A. 放像机　　　B. 影碟机　　　　C. 录像机　　　　D. CD-ROM
7. 数字视频的重要性体现在_____。
   A. 可以不失真地进行无限次复制　　B. 易于存储
   C. 可以用数字视频进行非线性编辑　　D. 可以用计算机播放电影节目
8. 扫描仪可应用于_____。
   A. 拍摄数字照片　　　　　　　　B. 图像处理
   C. 光学字符识别　　　　　　　　D. 图像输入
9. _____关于数码相机的叙述是正确的。
   A. 数码相机的关键部件是 CCD
   B. 数码相机有内部存储介质
   C. 数码相机拍照的图像可传送到计算机
   D. 数码相机输出的是数字或模拟数据

二、简答题

1. 请写出一款多媒体计算机的配置清单。
2. 什么是视频捕捉卡？其主要作用是什么？
3. 比较 CRT 显示器、液晶显示器和等离子显示器各自的特点，并根据自己对显示器市场的了解，对显示器的发展趋势进行简单分析。
4. 声卡由哪几部分组成？声卡的功能有哪些？
5. 数字摄像头有哪几种连接方式？
6. 数码摄像机是指能够拍摄连续动态视频图像的数码影像设备，其拍摄的影像格式是什么？
7. 上网或通过其他途径查阅有关 CPU 方面的资料，写一份有关 CPU 发展的综述。

第 3 章 文字的编辑与制作

在多媒体的多种信息要素中，文字是最基本的一种信息要素，因此，文字的编辑与制作就成为多媒体技术及应用中最基础的工作之一。文字具有字体、大小、位置、颜色和格式等多种属性。文字的编辑与制作就是围绕着这些属性来进行操作。利用一些专业软件，还可以制作更加绚丽的效果。

3.1 概　　述

数字和文字可以统称为文本，是符号化的媒体中应用最多的一种，也是非多媒体计算机中使用的主要信息交流手段。在多媒体创作中，虽然有多种媒体可供使用，但是在有大段的内容需要表达时，文本方式依然是使用最广泛的。尤其是在表达复杂而确切的内容时，人们总是以文字为主，其他方式为辅。

3.1.1 文本的输入方式

1. 直接输入

如果文本的内容不是很多，可在制作多媒体作品时，利用著作工具中提供的文字工具直接输入文字。直接输入的优点在于方便快捷。传统的文字输入设备是键盘。

2. 幕后载入

如果在制作的作品中需要用到大量的文字，应考虑由录入人员用专用的文字处理软件将文本输入计算机中，并且将其保存为文本文件（如.txt），再用著作工具载入到多媒体作品中。

3. 利用 OCR 技术

若要输入印刷品上的文字资料，可以使用 OCR 技术。OCR 技术是在电脑上利用光学字符识别软件控制扫描仪，对所扫描的位图内容进行分析，将位图中的文字影像识别出来，自动转换为 ASCII 字符。识别效果的好坏既取决于软件的技术水平，也取决于文本的质量和扫描仪的解析度。

4. 其他方式

利用语音识别、手写识别等方法，也可以将文本文件输入计算机中。有的语音识别系统中还带有语音校稿功能等，使用很方便。

3.1.2 文本处理的内容及软件

1. 文本处理的内容

一般文本处理的主要内容，包括字的格式和段落的格式。
(1) 字的格式：字体、字型、字号、颜色、字间距、下划线与效果等。
(2) 段落的格式：段缩进、段间距、行距与对称方式等。
(3) 文字的显示、运动方式：文字在屏幕上出现的方式等。

由以上几种变化的不同组合，形成各种不同的显示方式，使文本的内容显出活泼的景象。如果采用幕后输入，通常多媒体制作软件并不认识输入所使用的文字处理软件产生的文件格式，故不能直接使用这种文件作为多媒体制作软件的输入。经文字处理软件排版后的结果送入制作工具的方法有两种：一种是将排版结果转化为图像文件粘贴进去，另一种是用 OLE 的方法让文字处理软件自己完成有关的显示工作。

2. 文本处理软件的类型

多媒体素材中的文字实际上有两种：一种是文本文字，上面所提到的文本及处理方法都是针对文本文字而言的，常用的文本文字编辑软件包括记事本、Word 和 WPS 等，常用的文本文字录入软件包括 IBM Via Voice、汉王语音录入和手写软件、清华 OCR 和尚书 OCR 等。另一种是图形文字，常用图形处理软件如画笔、Photoshop 和 Cool 3D 等来生成。文本文字和图形文字的区别是：

(1) 生成文字的软件不同：文本文字多使用字处理软件（如记事本、Word、WPS 等），通过录入、编辑排版后生成；而图形文字多需要使用图形处理软件（如画笔、3DS MAX、Photoshop 等）来生成。

(2) 产生文件的格式不同：文本文字为文本文件格式（如 TXT、DOC、WPS 等），除包含所输入的文字以外，还包含排版信息；而图形文字为图像文件格式（如 BMP、C3D、JPG 等）。它们都取决于所使用的软件和最终由用户所选择的存盘格式。图像格式所占的字节数一般要大于文本格式的字节数。

(3) 应用场合不同：文本文字多以文本文件形式（如帮助文件、说明文件等）出现在系统中；而图形文字可以制成图文并茂的美术字，成为图像的一部分，以提高多媒体作品的感染力。

3.2 文字属性

文字属性一般具有以下 5 点：

1. 字的格式（Style）

字体的格式有普通、粗体、斜体、底线、轮廓和阴影等。

2. 字的定位（Align）

字的定位主要有四种：左对齐、居中、右对齐和两端对齐。

3. 字体（Font）的选择

安装的字库不同，包含的字体会有些差别。当然，可以通过安装字库扩充更多的字体。常用的字体有宋体、楷体、黑体、隶书、仿宋等，还有方正舒体、方正姚体、华文宋体、华文隶书等。

应注意字体的适当选择。选用字体一般有以下原则：
- 宋体的特点是粗细均匀，端庄大方，给人以稳重、大方的感觉，图书、报刊的正文多用宋体。
- 仿宋体笔画纤细、清秀，可用于副标题、短文、诗歌、作者名字等。
- 楷体秀丽，柔中带刚，可作副标题、插白、插诗以及温和趣味的句子。
- 黑体较粗，代表严肃、哀悼、警告，常用于严重性、警告性的句子或者大标题。

4. 字的大小（Size）

字的大小一般是以字号或磅为单位，字号越小，字越大；磅值越大，字越大。表 3-1 列出了不同字号的尺寸。

表 3-1　　　　　　　　　　　　　不同字号的尺寸

字号	初号	一号	二号	三号	四号	五号	六号	七号
磅值	42	27	21	16	13.5	10.5	8	5.2
毫米	14.7	9.6	7.4	5.5	4.9	3.7	2.8	2.1

字体文件由 TTF 或 FON 等扩展名构成，True Type 字体（TTF 文件）是 Windows 中的一项重要技术，支持无级放缩。常用的标志装饰也可以用字体形式出现，Windows 系统中的 Webdings 字体就不是单纯的字母样式。

5. 字的颜色

可以给文字指定调色板中的任何一种颜色，以使画面更加漂亮。需强调的是，技术处理固然很重要，但是文字资料的准确性、完整性和权威性更为重要。因此在编写文字脚本时，文字一定要准确，确保质量。

3.3　三维立体文字制作软件 Cool 3D

Cool 3D 是 Ulead 公司出品的一个专门制作文字 3D 效果的软件，它可以方便地生成具有各种特殊效果的 3D 动画文字。Ulead Cool 3D 作为一款优秀的三维立体文字特效工具，主要用来制作文字的各种静态或动态的特效，如立体、扭曲、变换、色彩、材质、光影、运动等，并可以把生成的动画保存为 GIF 和 AVI 文件格式，因此广泛地应用于平面设计和网页制作领域。

下面以 Cool 3D 3.5 为例介绍 Cool 3D 的工作界面。打开 Cool 3D 的主界面，如图 3-1 所示。

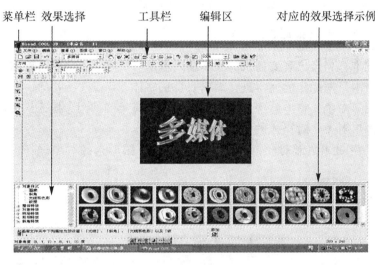

图 3-1 Cool 3D 主界面

3.3.1 菜单栏

菜单栏包括六项内容：文件、编辑、查看、图像、窗口和帮助。主要菜单包含的命令打开后如图 3-2 所示。

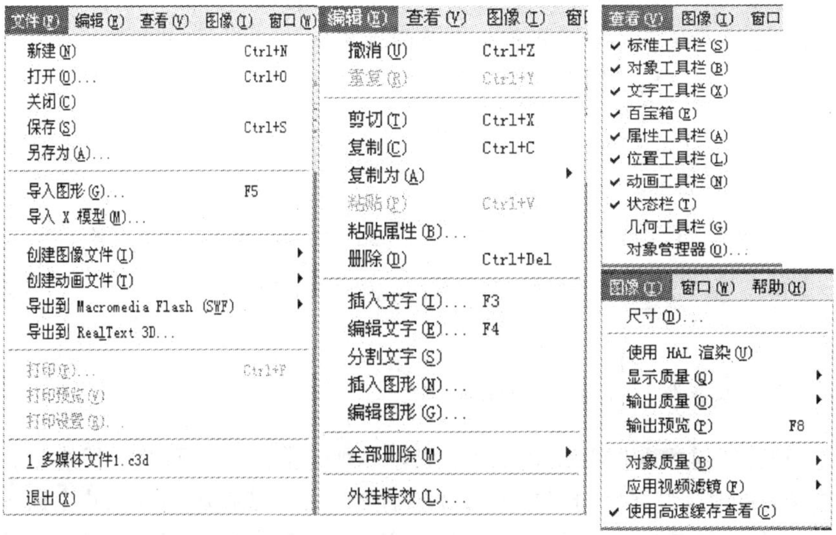

图 3-2 菜单栏各项命令

3.3.2 工具栏

所有工具栏通过菜单栏中的"查看"菜单的选取（如图 3-2 所示，有"√"表明已选取），可以在操作主界面上显示出来，从"标准工具栏"到"几何工具栏"共九大类。一般情况下，按操作归类，可以更容易掌握工具栏的使用，大体分为以下五种：

1. "对象"工具栏（如图 3-3 所示）

- 插入文本：将会出现要插入的文本输入提示，汉字、符号等可输入到编辑区中。
- 编辑文本：对插入的文本进行编辑，可选字体、字型、大小等。
- 插入图形对象：将本软件提供的简单图形工具绘制的图形插入到编辑区中。
- 编辑图形对象：对插入的图形进行编辑。
- 插入几何立体图形对象：将在"立体字样、图形选择"中选择的图形插入到编辑区。

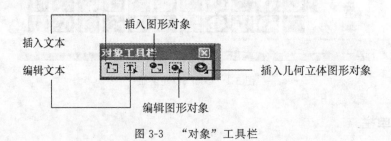

图 3-3 "对象"工具栏

2. "手工调整"工具栏（如图 3-4 所示）

- 移动对象：对选定的对象进行移动（按住鼠标拖动）。
- 旋转对象：对选定的对象进行全方位的旋转。
- 缩放对象：对选定的对象进行缩放。

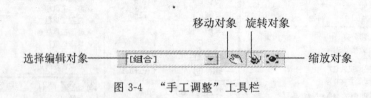

图 3-4 "手工调整"工具栏

3. "面调整"工具栏（如图 3-5 所示）

Cool 3D 把文字对象看做由五个部分组成，分别是前面、前面的斜切边缘、边面、后面的斜切边缘、后面。许多针对对象本身性质的效果可以选择施加到某几个面上，哪个按钮按下就代表哪个面能被施加效果。默认是所有面，也就是效果施加于整个对象。

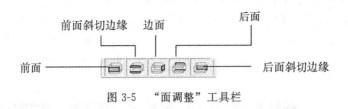

图 3-5 "面调整"工具栏

4. "精确定位"工具栏（如图 3-6 所示）

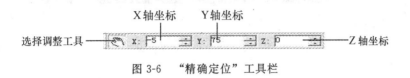

图 3-6 "精确定位"工具栏

5. "动画控制"工具栏（如图 3-7 所示）

在"动画控制"工具栏中，在"选择属性"下拉列表框中选择一种属性，然后针对这种属性制作动画。这时在关键帧标尺中显示的只是这种属性的关键帧，这样可以只处理这种效果的动画，而不会影响其他的效果。

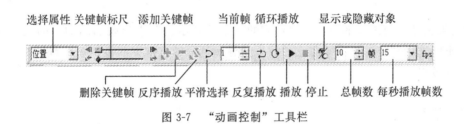

图 3-7 "动画控制"工具栏

Cool 3D 对系统的要求相对来说高一点，由于它的 3D 立体渲染功能比较强，所以相应地对 CPU 的速度、内存的大小有着相当苛刻的要求。为了提高渲染速度，系统中最好装上 DirectX 7.0 或更高的版本，还推荐安装 Quick Time 4 驱动程序和 RealPlayer。

下面用 Cool 3D 制作一个静态 3D 文字"多媒体技术"。

操作步骤如下：

（1）单击菜单栏 File → New 命令，新建一个空白图像文件。如果默认的尺寸不符合需要，那么可以选 Image 菜单下的 Dimensions 命令，弹出 Dimensions（尺寸）对话框来修改其大小。

（2）单击"输入文字"按钮，弹出 Ulead Cool 3D Text 对话框。在对话框中输入"多媒体技术"，并选择自己喜欢的字体和大小（在 Cool 3D 中每一个字都可以选定字体和大小）。

3.3.3 效果选择

效果选择是对对象、场景、背景等进行操作的命令。通常有七个方面的效果可供选择：① 工作室（其中包含组合、背景、组合对象、形状、对象、动画、相机）；② 对象样式；③ 整体特效；④ 对象特效；⑤ 转场特效；⑥ 照明特效；⑦ 斜角特效。

当在"效果选择"中选定一种效果时，在"对应的效果选择示例"方框中出现不同的效果示例，图3-8是"炸开"效果情况，图3-9是"背景"效果情况。

图 3-8 "炸开"效果情况

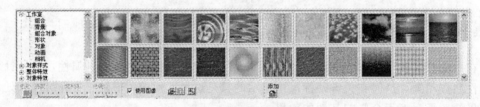

图 3-9 "背景"效果情况

"效果选择"的选择不同，在"对应的效果选择示例"中出现的示例样品也不同，只要在编辑区选中对象，再在"对应的效果选择示例"的方框中双击，则编辑框中的对象就为相应的效果。

3.3.4 编辑区

最后展现的动画作品就是在编辑区中完成的，编辑区中可以同时存在多个对象。有关多个对象如何并存在编辑区，以及如何对不同的对象进行操作，各个对象出现不同的效果，在后面的示例中将会介绍。

3.4 Cool 3D 动画制作示例

3.4.1 文本动画制作实例

利用 Cool 3D 制作一个有关文字效果的动画，以下是具体的制作过程。

1. 输入文本一

在 Ulead Cool 3D 操作界面中，点击"对象工具"栏中的"插入文本"按钮，输入"多媒体"三个字，选择好字体（隶书）、字号（32号），如图3-10所示，按"确定"键后,"多媒体"三个字将出现在编辑框中。

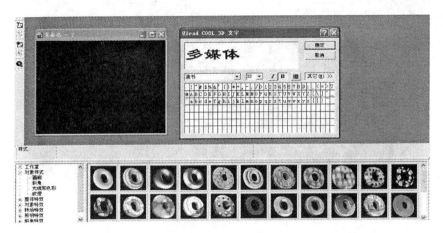

图 3-10　输入文本一

2. 输入文本二

同上操作,输入"示例"二字作为第二个文本的输入。现在在编辑区中有两个对象,一个是文本一,即"多媒体"三个字,第二个是"示例"二字,注意这两个对象的字不能同时输入,必须按输入文本一、输入文本二两步分别进行,如图 3-11 所示。

图 3-11　输入文本二

3. 不同对象的选择

由图 3-11 可以看到,两个对象重叠在一起,为把两个对象分开,先在"手工调整"工具栏中,选中"选择编辑对象"中的"多媒体",再在"动画控制"工具栏的"选择属性"中选择"位置",这样,对象一即被选中,编辑框中的光标变为"手"形,这是平移对象的光标模式。向上移动"多媒体"三个字。按同样的方法向下移动"示例",结果如图 3-12 所示。移开后,在编辑框中光标选中哪个对象,就是对哪个对象进行操作。

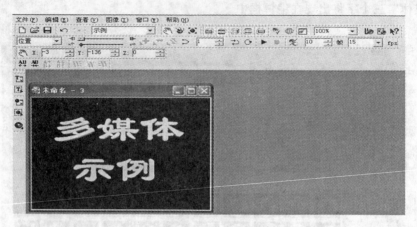

图 3-12　对不同对象的操作

4. 对象一的动画效果设置

对对象一"多媒体"三个字的动画效果的设置是：旋转一周回到原来的位置。光标点击"多媒体"对象，在"动画控制"工具栏中，将"选择属性"设置为方向，将"当前帧"设置为 1，将总帧数设置为 20，水平旋转"多媒体"，每旋转一定角度，就将"当前帧"增加 1，反复这个过程，如图 3-13 所示，直到"当前帧"为 20，而"多媒体"三个字回到原来的位置。按"播放"按钮，看看对象一的动画效果。注意到，对象二没有发生任何变化。

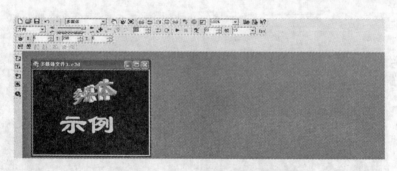

图 3-13　对象一的动画效果设置

5. 对象二的动画效果设置

对对象二"示例"二字效果设置是：扭转后恢复到原位。光标点击"示例"对象，在 Cool 3D 主界面的"效果选择"中选择"对象特效"中的"扭曲"，将"当前帧"设置为 1，将总帧数设置为 20，再在"对应的效果选择示例"中双击一选择的扭曲效果，则"示例"将在 20 秒内完成扭曲过程，回到原来的位置，如图 3-14 所示。

6. 背景效果设置

有时为了渲染动画效果，还可在文字的背景上做一些美化。本软件的默认背景是黑

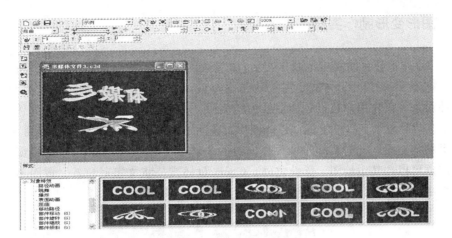

图 3-14 对象二的动画效果设置

色,显然过于单调。背景设置是对应于所有对象的。在 Cool 3D 主界面的"效果选择"中选择"工作室"中的"背景",再在"对应的效果选择示例"中双击一个背景效果,则"背景"添加在"编辑框"中,如图 3-15 所示。

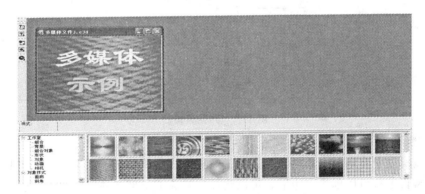

图 3-15 背景效果设置

7. 存储文件

作品完成后,就可以保存它,单击 File → Save 命令。实际上,在动画的制作过程中,经常要对动画作一些调整,如添加帧、删除帧、更换背景等。

Cool 3D 可以将编辑内容输出成多种静态图像文件和动态影像文件。静态的有 BMP、JPG、GIF、TGA,动态的可以输出成动画 GIF、AVI 文件等。单击 File → Save 命令,存盘默认的扩展名是 C3D,也可以选择 CreateImage Files 或 Create Animation Files 选项,把图像保存成其他格式的文件。

以上是一个比较简单的例子。在实际的制作过程中,随着制作文字的动静态效果不同,制作方法也不同,而静态文字的制作是比较简单的,只要输入文字,调整位置,再加入静态的修饰效果就可以了。

3.4.2 图形变形制作实例

Cool 3D 并不是只能简单地制作文字，它还能以更灵活的形式制作文字，因为它还提供一种区别于 Text Object（文字对象）的称为 Graphic Object（图形对象）类型的对象。使用这种对象可以让用户自己创建曲线型的截面，然后根据这个截面来生成立体效果。单击图 3-3 中"对象"工具栏上的"插入图形对象"按钮，可以往当前图像中插入 Graphic Object 类型的对象，此时 Cool 3D 会弹出如图 3-16 所示的 Path Editor（路径编辑器）对话框，用户可以在其中绘图。除此之外，Cool 3D 还支持将文字对象转化成图形对象。只要选中文字，单击工具栏上的按钮便可以随意编辑文字的轮廓了。

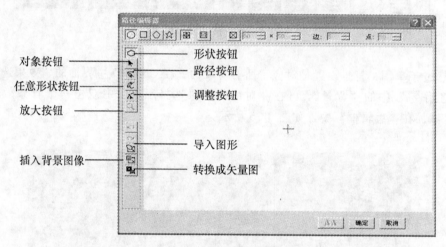

图 3-16　路径编辑器

路径编辑器中有两个工具栏，竖排的工具栏完成编辑功能，横排的用来控制编辑工具的属性。编辑工具可以创建多边形，可以将曲线转化成贝塞尔曲线来进行编辑，还可以导入图片、将图片作为背景、将导入的位图图片转化成矢量格式，不过这种转换效果不太令人满意。

下面举例说明路径编辑器的用法，操作步骤如下：

1. 绘制图形

在图 3-16 路径编辑器横排工具栏上选择五角星按钮，画一个如图 3-17 所示的五角星，并确定。该五角星就会在"编辑区"中出现。

2. 文字变为图形

在编辑框中输入"多媒体"三个字，如图 3-18 所示。选中对象"多媒体"，再在"对象"工具栏中按下"编辑图形对象"按钮，并确定，在路径编辑器中就会出现图 3-19 所示的情况。文字就变成了图形，其变形就可以在"路径编辑器"中完成。

图 3-17 在图形编辑器上画图

图 3-18 图形与文字并存

图 3-19 编辑文字

3. 对整体文字推斜

单击路径编辑器中左边竖排工具栏中的对象按钮（这是变形工具）。选中"媒"字，将其稍微拉长一点，再在 3 个字周围拉出一个方框以选中所有文字，单击上部工具栏中的

"推斜"按钮,把字推成斜体。虽然操作对象都是文字,实际上,所有的字都已变成了图形,对字的任何变形,是对图形的变形,如图 3-20 所示。

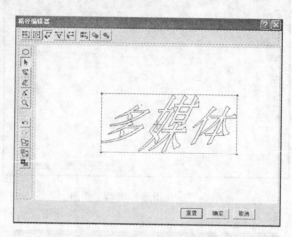

图 3-20 倾斜对象

4. 对文字进行变形

在路径编辑器中选择左边竖排工具栏中的"调整"按钮,它的功能是将曲线转化成贝塞尔曲线并进行编辑。可以看到选中文字的曲线轮廓变成了带很多控制点的形状。单击某一个控制点时,这点会变黑并在两边出现另外两个黑点,这便是贝塞尔曲线的控制点。点击"媒"字左边"女"旁的"撇",将末尾的几个控制点拉远一点。拖动时要注意配合控制点,力求曲线平滑。在曲线变形较为复杂时可利用上边的工具栏来添加、删除控制点,还可以改变控制点的类型,如光滑过渡、曲线对称、拐角等。

再点击"媒"字右边"某"旁的"捺",按上述方法拉长到合适的位置,如图 3-21 所示。

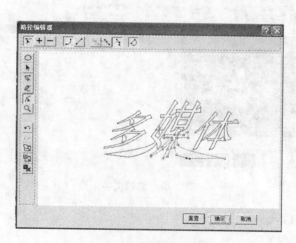

图 3-21 改变图形路径

5. 重置与确定

如果觉得不满意，可单击"重置"按钮恢复。如果满意，单击"确定"按钮返回 Cool 3D 的图像工作区。此时，编辑区中的立体字已经变成如图 3-22 所示效果。在此区域中，可以对变形后的图形进行各种动画设计。

图 3-22 最终结果

上面的例子主要介绍的是路径的编辑，实际上是对图形进行变形，这种曲线的处理方法不仅 Cool 3D 中有，其他许多图像处理软件尤其是矢量图形处理软件中都有，关键是贝塞尔曲线的编辑。此外 Cool 3D 的路径编辑器中还提供手绘功能，也就是用贝塞尔曲线来模拟鼠标运动轨迹的过程，模拟存在误差，却比较平滑，有时也有不少用处。

要熟悉 Cool 3D，关键是要多动手操作，在实践中掌握其方法。对于初学者掌握以下几条原则会很有帮助：

（1）效果选择区右边的是所有现成的特效，而左边框的效果则是所有可能效果的总和，任何一种效果选中时都会在下边属性工具栏上的最左边显示一个标有"F/X"的按钮，单击时即将这类效果（有时候就是指当前选中的现成特效）赋予被选择的对象，对应的参数设置也会出现。

（2）如果不知道哪个对象处于被选中状态，可以在"查看"菜单的"Object Manager"（对象管理器）中加以选择，也可以选中"手工调整"工具栏中选择编辑对象，以使所有对象都被选中。

（3）Global Effects（整体特效）对整个图像都有效，因此以上原则不适用于辉光、火焰、阴影、运动模糊等全局效果。另外，背景的设置不会作用于对象。

（4）动画有多种类型。在编辑动画的过程中切换工具或切换修改的属性时，动画序列也会切换到对应的类中。整体效果是各类效果的叠加。对于静态参数，简单地设置好首尾关键帧中的数值便可以形成动画，而动态参数本身便代表一系列动作的效果，设置起来则没有这么简单。

多媒体技术与应用

【本章小结】

　　本章介绍了多媒体信息中最基本的元素——文字,对文字的输入方式、文字具有的属性与特点进行了描述,并详细介绍了三维文字制作软件 Cool 3D 的使用。通过本章的学习,要理解文字的属性与特点,掌握利用图像处理软件制作文字的能力。

习　题　3

1. 文本处理的内容是什么?
2. 文本文字和图形文字的区别是什么?你知道处理这些文字的软件还有哪些?
3. 文字的属性有哪些?
4. 常见制作文字的软件有哪些?
5. Ulead 公司文字制作软件 Cool 3D 的主要功能有哪些?
6. 文字制作软件 Cool 3D 菜单"编辑"中的"文字分割"实现的含义是什么?
7. 利用制作软件 Cool 3D 制作一句加有特效的欢迎词。

第 4 章　音频的编辑与制作

音频（Audio）是人们用来传递信息的一种重要媒体。在物理学上，音频是通过一定介质（如空气等）传播的一种连续波。音频信号可以携带大量精细、准确的信息。音频的振幅、频率等属性使其比文字的处理要复杂得多。不同的种类、不同的格式和不同的编码使音频传递的信息更加丰富多彩，同时，专业处理软件使人们能更方便地对各种音频信息进行编辑与制作。

4.1　多媒体音频

声音与音乐在计算机中均为音频（Audio），是多媒体中使用较多的一类信息。音频主要用于节目的解说和配音、背景音乐以及特殊音响效果等。

4.1.1　音频的基本概念

音频是通过一定介质（如空气、水等）传播的一种连续波，在物理学中称为声波。声音的强弱体现在声波压力的大小上（和振幅相关），音调的高低体现在声波的频率上（和周期相关），如图 4-1 所示。

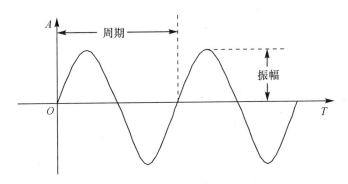

图 4-1　声波的振幅和周期

1．振幅

声波的振幅就是通常所说的音量，在声学中用来定量研究空气受到的压力大小。

2. 周期

声音信号以规则的时间间隔重复出现,这个时间间隔称为声音信号的周期,用秒表示。

3. 频率

声音信号的频率是指信号每秒变化的次数,用赫兹(Hz)表示。人们把频率小于20Hz的信号称为亚音信号;频率范围为20Hz～20kHz的信号称为音频信号;高于20kHz的信号称为超音频信号,或称为超声波信号。

4. 带宽

带宽是指频率覆盖的范围。此术语同样应用在计算机网络中,它表示在一条通信线路上可以传输的载波频率范围。它是网络中十分重要的因素,因为一条信道的传输能力和它的带宽有直接的联系。对声音信号的分析表明,声音信号由许多频率不同的信号组成。多种频率信号称为复合信号,单一频率信号称为分量信号。声音信号的带宽用来描述组成复合信号的频率范围,如高保真声音的频率范围为10Hz～20kHz,它的带宽约为20kHz。在多媒体技术中,处理的声音信号主要是音频信号,它包括音乐、语音等。

4.1.2 数字音频的分类

1. 按用途分类

按照应用的场合不同,可以将音频文件分为语音、音效及音乐等。

(1) 语音

语音是人类发音器官发出的具有区别意义功能的声音。语音的物理基础主要有音高、音强、音长、音色,这是构成语音的四要素。音高指声波频率,即每秒的振动次数;音强指声波振幅的大小;音长指声波振动持续时间的长短,也称为"时长";音色指声音的特色和本质,也称为"音质"。获得语音的方法为利用麦克风和录音软件把语音(如解说词等)录入计算机中。

(2) 音效

音效是指有特殊效果的声音,例如,汽车声、鼓掌声、打碎玻璃的声音等。效果声的制作最直接的方法是录制自然的声音。例如,打开麦克风,找一群人来拍手,就可得到鼓掌声。

(3) 音乐

音乐是指有旋律的乐曲,一般采用 MIDI 文件。

2. 按来源分类

音频文件的来源主要有以下几种形式:

(1) 数字化声波

将麦克风插在计算机的声卡上,利用录音软件,将语音和音乐等波形信息经模/数转换,得到其数字化形式的信号,然后进行存储、编辑,需要时再经过数/模转换还原成原来的波形。

(2) MIDI 合成

利用连接计算机的 MIDI(乐器数字化接口)弹奏出曲子,或合成音效录入计算机,再用声音软件编辑。

(3) 来源于声音素材库

将录音带或 CD 唱盘等声音素材库中的曲子,用放音设备通过转接线转录到计算机,再用声音软件加以编辑,并保存为多媒体著作软件可以读取的文件格式,但需要注意版权许可。

3. 按文件存储格式分类

音频数据必须以一定的数据格式存储在磁盘或其他媒体上。音频文件的格式很多,目前比较流行的有以下几种:主要用在 PC 机上的以 .wav 为扩展名的文件格式,主要用在 UNIX 工作站上的以 .au 为扩展名的文件格式,以及目前 PC 机上比较流行的以 .rm 和 .mp3 为扩展名的音频文件格式。表 4-1 列出了部分音频文件的后缀。

表 4-1 音频文件后缀

文件的扩展名	说 明
.au(Audio)	Sun 和 NeXT 公司的音频文件存储格式(8 位律编码或 16 位线性编码)
.aif(Audio Interchange)	Apple 计算机上的音频文件存储格式
.cmf(Creative Music format)	声霸(SB)卡带的 MIDI 文件存储格式
.mct	MIDI 文件存储格式
.mid(MIDI)	Windows 的 MIDI 文件存储格式
.mp2	MPEG Layer I,II
.mp3	MPEG Layer III
.mod(Module)	MIDI 文件存储格式
.rm(RealMedia)	RealNetworks 公司的流式音频文件格式
.ra(RealAudio)	RealNetworks 公司的流式音频文件格式
.rol	Adlib 声卡文件存储格式
.snd(Sound)	Apple 计算机上的音频文件存储格式
.seq	MIDI 文件存储格式
.sng	MIDI 文件存储格式
.voc(Creative Voice)	声霸卡存储的音频文件存储格式
.vqf	YAMAHA 公司购买 NTT 公司开发出的一种音频格式
.wav(Wave Form)	Windows 采用的波形音频文件存储格式
.wrk	Cakewalk Pro 软件采用的 MIDI

下面对一些主要的音频格式文件作一点说明。

(1) WAV 文件

WAV 文件是微软的标准声音文件格式。WAV 是微软流行的资源文件交换格式（RIFF 的子集）。这就是为什么在某些声音编辑软件中可以看到 WAVE FORM 格式与 RIFF 格式选项被分在一起的原因。WAV 文件可以被存为立体声或单声道，8 bit 或 16 bit 音响文件。WAV 文件来源于对声音模拟波形的采样。用不同的采样频率对声音的模拟波形进行采样可以得到一系列离散的采样点，以不同的量化位数（8 bit 或 16 bit）把这些采样点转换成二进制数，然后存入磁盘，这就产生了声音的 WAV 文件，即波形文件。波形文件格式支持采样频率和样本精度的声音数据，并支持声音数据的压缩。WAV 文件由采样数据组成，所以它所需要的存储容量很大。

(2) MIDI 文件

MIDI 是乐器数字接口的缩写，实质是一个通过电缆将电子音乐设备连接起来的协议。这一协议就是向有关设备传送数字化的命令。MIDI 技术的优点是显而易见的，它大量节约存储空间：一个半小时的 MIDI 音乐只要 200 KB，而 WAV 则要占几百兆空间。但它的缺点同样明显：声音的播放质量过于依赖硬件设备。MIDI 又分为两种格式：MIDI Format 0 与 MIDI Format 1。尽管 MIDI 1 要比 MIDI 0 更复杂，并可容纳更多信息，但其通用性不好，所以大家一般还是用 MIDI 0 格式作为标准的 MIDI 文件存储格式。

(3) MP3 文件

MP3 是目前最热门的音乐文件格式。这是一种间频压缩技术，采用 MPEG Layer-3 标准对 WAV 音频文件进行压缩而成，MP3 是 MPEG-1 Layel-3 的简写，而不是 MPEG-3。其特点是能以较小的比特率、较大的压缩率达到近乎完美的 CD 音质（其压缩率可达 1∶12 左右，每分钟 MP3 音乐大约只需要 1MB 的磁盘空间）。正是基于这些优点，可先将 CD 上的音轨以 WAV 文件的形式抓取到硬盘上，然后再将 WAV 文件压缩成 MP3 文件，既可以从容欣赏音乐又可以减少光驱磨损。

4.2　音频的数字化

声音是通过介质传播的一种连续的波，这种连续性表现在两个方面：一是时间上的连续，二是幅度上的连续。声波是随时间而连续变化的物理量，通过能量转换装置，可用随声波变化而改变的电压或电流信号来模拟，利用模拟电压的幅度可以表示声音的强弱。

这些模拟量难以保存和处理，而且计算机无法处理这些模拟量。因此，为了使计算机能处理音频，必须先把模拟声音信号经过模/数（A/D）转换电路转换成数字信号，然后由计算机进行处理；处理后的数据再由数/模（D/A）转换电路还原成模拟信号，再放大输出到扬声器或其他设备，这就是音频数字化的处理过程。

音频数字化技术是整个数字音频领域中最基本和最主要的技术。在计算机中，这一工作过程是由声卡及相关软件完成的。A/D 转换电路对输入的音频模拟信号以固定的时间间隔进行采样，并将采样信号送给量化编码器，变成数值，并以一定方式将所获得的数值保存下来。

数字化后的声音称为"数字音频信号"。它除了包含自然界中所有的声音之外,还具有经过计算机处理的独特的音色和音质。数字音频的优点在于保真度好,动态范围大,便于计算机处理。

4.2.1 音频的数字化

数字化音频技术就是把表示声音强弱的模拟信号(电压)用数字来表示。通过采样量化等操作,把模拟量表示的音频信号转换成许多二进制"1"和"0"组成的数字音频文件,从而实现数字化,为计算机处理奠定基础。数字音频技术中实现 A/D(模/数)转换的关键是将时间上连续变化的模拟信号转变成时间上离散的数字信号,这个过程主要包括采样(Sampling)、量化(Quantization)和编码(Encoding)3 个步骤,如图 4-2 所示。

图 4-2 音频模拟信号数字化处理流程

1. 采样

每隔一定时间间隔不停地在模拟音频的波形上采取一个幅度值,这一过程称为采样。而每个采样所获得的数据与该时间点的声波信号相对应,称为采样样本。将一连串样本连接起来,就可以描述一段声波了,如图 4-3 所示。

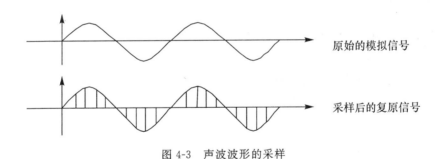

图 4-3 声波波形的采样

2. 量化

经过采样得到的样本是模拟音频的离散点,这时还是用模拟数值表示。为了把采样得到的离散序列信号存入计算机,必须将其转换为二进制数字表示,这一过程称为量化编码。

量化的过程是:先将整个幅度划分成有限个小幅度(量化阶距)的集合,把落入某个阶距内的采样值归为一类,并赋予相同的量化值。表 4-2 给出了模拟电压量的量化编码的一个实例。

表 4-2　　　　　　　　　　　　模拟电压量的量化编码

电压范围	量化数值	编　码
0.5～0.7	3	11
0.3～0.5	2	10
0.1～0.3	1	01
−0.1～0.1	0	00

量化的方法大致有两类：

(1) 均匀量化

均匀量化采用相等的量化间隔来度量采样得到的幅度。这种方法对于输入信号不论大小一律采用相同的量化间隔，其优点在于获得的音频品质较高，缺点在于音频文件容量较大。

(2) 非均匀量化

非均匀量化对输入的信号采用不同的量化间隔进行量化。对于小信号采用小的量化间隔，对于大信号采用大的量化间隔。虽然非均匀量化后文件容量相对较小，但对于大信号的量化误差较大。

3. 编码

编码即编辑数据，就是考虑如何把量化后的数据用计算机二进制的数据格式表示出来。实际上就是设计如何保存和传输音频数据的方法，例如 MP3、WAV 等音频文件格式就是采用不同的编码方法得到的数字音频文件。

4.2.2　数字音频的技术指标

通过上述数字化过程，得到存储在计算机中的数字音频。影响数字音频文件质量的主要因素有采样频率、量化位数和声道数 3 个。

1. 采样频率

采样频率是指计算机每秒对声波幅度值样本采样的次数，是描述声音文件的音质、音调，衡量声卡、声音文件的质量标准，计量单位为 Hz（赫兹）。采样频率越高，即采样的间隔时间越短，则在单位时间内计算机得到的声音样本数据就越多，声音文件的数据量也就越大，声音的还原就越真实、越自然。采样频率与声音频率之间有一定的关系，根据奈奎斯特理论，只有采样频率高于声音信号最高频率的两倍时，才能把数字信号表示的声音还原成为原来的声音。

在计算机多媒体音频处理中，采样通常采用 3 种频率：11.025kHz、22.05kHz 和 44.1kHz。11.025kHz 采样频率获得的是一种语音效果，称为电话音质，基本上能分辨出通话人的声音；22.05kHz 获得的是音乐效果，称为广播音质；44.1kHz 获得的是高保真效果，常见的 CD 采样频率就采用 44.1kHz，音质比较好，通常称为 CD 音质。同样时间的音频，采样频率越高，占用的存储空间越大。

2. 量化位数

采样得到的样本需要量化，所谓的量化位数也称为"量化精度"，是描述每个采样点样本值的二进制位数。例如，对一段声波进行8次采样，采样点对应的能量值分别为A1～A8，如果只使用2bit二进制值表示这些数据，结果只能保留A1～A8中4个点的值而舍弃另外4个。如果选择用3bit数值来表示，则刚好记录下8个点的所有信息。这里的3bit实际上就是量化位数。

8bit量化位数表示每个采样值可以用2^8（即256）个不同的量化值之一来表示，而16位量化位数表示每个采样值可以用2^{16}（即65536）个不同的量化值之一来表示。常用的量化位数为8bit、12bit及16bit。量化位数大小决定了声音的动态范围。量化位数越高则音质越好，数据量也越大。

3. 声道数

声音通道的个数称为声道数，是指一次采样所记录产生的声音波形个数。记录声音时，如果每次生成一个声波数据，称为单声道；每次生成两个声波数据，称为双声道（立体声）。随着声道数的增加，音频文件所占用的存储空间也成倍增加，同时声音质量也会提高。

4. 音频文件的存储量

音频文件是真实声音数字化后的数据文件，所占存储空间很大，声音的存储量可表示为：

$$V = \frac{Fc \times B \times S}{8}$$

式中V为存储量；Fc为采样频率；B为量化位数；S为声道数。

【例4-1】 计算2 min双声道、16bit采样位数、22.05kHz采样频率声音不压缩的声音数据量。

根据上式可计算得到实际数据量为：

$$实际数据量 = \frac{2 \times 60 \times (22.05 \times 1000 \times 16 \times 2)}{8 \times 1024 \times 1024} \approx 10.09 \text{（MB）}$$

5. 声音质量的度量

声音质量的评价是一个很困难的事，是目前还在继续研究的课题。声音的质量可以用声音信号的带宽来衡量，等级由高到低依次是DAT—CD—FM—AM—数字电话。此外，声音质量的度量还有两种基本方法：一种是客观质量度量，另一种是主观质量度量。评价语音质量时，有时同时采用两种方法，有时以主观质量度量为主。

声音客观质量主要用信噪比（Signal to Noise Ratio，SNR）来度量。它是建立在度量均方误差基础上的，其特点是计算简单，但不能完全反映人对语音质量的感觉。

主观质量度量最常用的方法有平均意见得分（Mean Opinion Score，MOS）。MOS得分采用5级评分标准（如表4-3所示）。这种方法是通过召集若干实验者，在听完所测语音后，由他们对声音质量的好坏进行评分，即从5个等级中选择其中某一级作为他们对所测语音质量的评定。全体实验者的平均分就是所测语音质量的 MOS 得分。由于主观和客观上的诸多原因，每次测试所得的 MOS 得分会有所波动。为了减小波动，参加测试的实验者人数要足够多，所测语音材料也要足够丰富，测试环境也应尽量保持相同。

表 4-3   MOS 评分标准及相应的描述该级语音质量的形容词

分 数	质量级别	失真级别
5	优（Excellent）	无察觉
4	良（Good）	（刚）察觉但不讨厌
3	中（Fair）	（察觉）有点讨厌
2	差（Poor）	讨厌但不反感
1	劣（Bad）	极讨厌（令人反感）

在数字语音通信中，语音质量分为 4 类：广播质量、网络质量、通信质量和合成质量。广播质量语音通常只在 64kbps 以上速率上获得，MOS 得分为 5 分；网络质量语音通常在 16Kbps 以上速率上获得，其 MOS 得分为 4～4.5 分，达到长途电话网的质量要求；通信质量语音在 4.0Kbps 以上速率获得，其 MOS 得分为 3.5 分左右，这时能感觉到重建语音质量有所下降，但不妨碍正常通话，可以满足多数语音通信系统的使用要求；合成质量语音的 MOS 得分在 3.0 分以下，主要指一些声码器合成的语音所能达到的质量，它一般具有足够高的可懂度，但自然度和讲话人的确认等方面不够好。

4.2.3　数字音频的编码

一般情况下，声音的制作是使用麦克风或录音机产生的，再由声卡上的 WAVE 合成器的模/数转换器对模拟音频进行采样，然后量化编码为一定字长的二进制数据序列，并在计算机内传输和存储。在数字音频回放时，再由数字到模拟的转化器（数/模转换器）解码，将二进制编码恢复成原始的声音信号，通过音响设备输出。

数字波形音频文件是要占用一定存储空间的，其容量的计算可由公式完成。表 4-4 列出了不同采样频率及量化位数情况下，1 分钟双声道音频文件所需的存储容量。

表 4-4   不同采样频率及量化位数的容量

采样频率（kHz）	采样精度（bit）	所需存储容量（MB）	数据速率（Kbps）	常用编码方法	质量与应用
44.1	16	10.094	88.2	PCM	相当于激光唱盘质量 应用于高质量要求的场合
22.05	16	5.047	44.1	ADPCM	相当于调频广播质量 应用于伴音及各种声响效果
22.05	8	2.523	22.05	ADPCM	相当于调频广播质量 应用于伴音及各种声响效果
11.025	16	2.523	22.05	ADPCM	相当于调幅广播质量 应用于伴音及解说词
11.025	8	1.262	11.025	ADPCM	相当于调幅广播质量 应用于伴音及解说词

由此可见，数字波形文件的数据量非常大，这对大部分用户来说都是不能接受的，要降低磁盘占用，只有两种方法，即降低采样指标或者提高压缩率。而降低采样指标会影响音质，因此专家们研发了各种高效的数据压缩编码技术。

对于不同类型的音频信号而言，其信号带宽是不同的，如电话音频信号为200Hz～3.4kHz，调幅广播音频信号为50Hz～7kHz，调频广播音频信号为20Hz～15kHz，激光唱盘音频信号为10Hz～20kHz。随着对音频信号音质要求的增加，信号频率范围逐渐增加，要求描述信号的数据量也就随之增加，从而带来处理这些数据的时间以及传输、存储这些数据的容量增加，因此多媒体音频压缩技术是多媒体技术实用化的关键之一。

音频信号的压缩编码主要有熵编码、波形编码、参数编码、混合编码、感知编码等。

4.3 音频的处理软件

音频的处理软件是用来录放、编辑、加工和分析声音的工具。声音工具的软件使用得相当普遍，但它们的功能相差很大。下面列出了比较常见的几种工具软件。

1. Cool Edit Pro

Cool Edit Pro 是美国 Syntrillium Software Corporation 开发的一款功能强大、效果出色的多轨录音和音频处理软件。它可以在普通声卡上同时处理多达 64 轨的音频信号，具有极其丰富的音频处理效果，并能进行实时预览和多轨音频的混缩合成，是个人音乐工作室的音频处理首选软件。不少人把 Cool Edit 形容为音频"绘画"程序，可以用声音来"绘"制音调、歌曲的一部分、声音、弦乐、颤音、噪音或是调整静音；而且它还提供多种特效为作品增色，如放大、降低噪音、压缩、扩展、回声、失真、延迟等；可以同时处理多个文件，轻松地在几个文件中进行剪切、粘贴、合并、重叠声音操作。使用它可以生成的声音有噪音、低音、静音、电话信号等。该软件还包含 CD 播放器。其他功能包括：支持可选的插件，崩溃恢复，支持多文件，自动静音检测和删除，自动节拍查找，录制等。另外，它还可以在 AIF、AU、MP3、Raw PCM、SAM、VOC、VOX、WAV 等文件格式之间进行转换，并且能够保存为 RealAudio 格式。Cool Edit 同时具有极其丰富的音频处理效果。

新的 2.0 版还有以下特性：① 128 轨；② 增强的音频编辑能力；③ 超过 40 种音频效果器，mastering 和音频分析工具，以及音频降噪、修复工具；④ 音乐 CD 烧录；⑤ 实时效果器和 EQ；⑥ 32bit 处理精度；⑦ 支持 24bit/192kHz 以及更高的精度；⑧ loop 编辑、混音；⑨ 支持 SMPTE/MTC Master，支持 MIDI 回放，支持视频文件的回放和混缩。

2. Sound Forge

Sound Forge 是 Sonic Foundry 公司开发的一款功能强大的专业化数字音频处理软件。它能够非常方便、直观地实现对音频文件（.wav 文件）以及视频文件（.avi 文件）中的声音部分进行各种处理,满足从最普通用户到最专业录音师的所有用户的各种要求,所以一直是多媒体开发人员首选的音频处理软件之一。

Sound Forge 只可以处理一条立体声音轨(相当于 2 根单声道声轨)。虽然 Sound Forge 可以通过一些使用技巧,把几条声轨的内容混合在一起,但是和多轨音频工作站软件不同。多轨音频工作站软件可以保留原有的所有声轨内容,并且将它们混合出一条新的单声道或立体声音轨。然而对于多媒体音频编辑、电台和电视台音频节目处理、录音等,Sound Forge 是合适的,它不需要非常好的硬件系统,其可操作性在同类软件里是出类拔萃的。和其他一些音乐软件不同,Sound Forge 更擅长的是多媒体音频编辑。Sound Forge 对视频文件的支持,仅仅是根据视频文件来编辑音频文件。比如,根据一段视频来编辑和处理音频,使得到的音频可以和视频内容同步播放,如电影配音、视频广告同步配乐等。

Sound Forge 包括全套的音频处理、工具和效果制作等功能,是利用整合性的程序来进行音频的编辑、录制、效果处理以及完成编码。它内置支持视频及 CD 的刻录并且可以保存为一系列声音及视频的格式,包括 WAV、WMA、RM、AVI 和 MP3 等。除了音效编辑软件具有的功能外,它还可以处理大量的音效转换工作,且具备与 Real Player G2 结合的功能,能编辑 Real Player G2 的格式,当然也可以把其他的音效文档转换成 Real Player G2 使用的格式,能够轻松地完成看似复杂的音效编辑。

Sound Forge 7.0 这个数字音频软件的新版本是自索尼公司在 2003 年 5 月收购 Sonic Foundry 所有桌面软件后,发布的第一款专业软件。Sound Forge 7.0 的新特性有以时间为基准自动录制,音频触发录制,VU meters 录制回放,实时频谱分析,White、Pink 及 Brown 噪音阀,Directx 插件效果自动化,项目文件的创建,支持 24 帧/秒的 DV 视频文件等。

3. Audition

Audition 相当于 Cool Edit Pro 2.1,为 Adobe 公司在 2003 年 5 月从 Syntrillium Software 获得。Adobe Audition 拥有集成的多音轨和编辑视图、实时特效、环绕支持、分析工具、恢复特性和视频支持等功能,为音乐、视频、音频和声音设计专业人员提供全面集成的音频编辑和混音解决方案。它包括灵活的循环工具和数千个高质量、免除专利使用费的音乐循环,有助于音乐跟踪和音乐创作。作为 Adobe 数码视频产品的新成员,Adobe Audition 既可以单独购买,也可以在新的 Adobe Video Collection 中获得。

Adobe Audition 提供了友好的界面,允许用户删减和调整窗口的大小,创建高效率的音频工作范围。一个窗口管理器能够利用跳跃跟踪打开的文件、特效和各种爱好,批处理工具可以高效率地处理各种常规工作,如对多个文件的所有声音进行匹配,把它们转化为标准文件格式等。

Adobe Audition 为视频项目提供了高品质的音频,允许用户对能够观看影片重放的 AVI 声音音轨进行编辑、混合和增加特效,广泛支持工业标准音频文件格式,包括 WAV、AIFF、MP3、MP3PRO 和 WMA,还能够利用达 32 位的位深度来处理文件,取样速度超过 192 kHz,从而能够以最高品质的声音输出磁带、CD、DVD 或 DVD 音频。

4. Cakewalk Pro Audio（Cakewalk SONAR）

早期 Cakewalk 是专门进行 MIDI 制作与处理的音序器软件。自 Cakewalk 4.0 版本后，增加了对音频的处理功能。目前，它的最新版本是 Cakewalk SONAR，国内使用最普遍的版本是 Cakewalk 9.0。虽然 Cakewalk 在音频处理方面有些不尽如人意之处，但它在 MIDI 制作、处理方面，功能超强，操作简便，具有无法比拟的优势。

5. Batch MP3 Cutter

Batch MP3 Cutter 称为 MP3 切割大师，是一个功能强大的批量 MP3 文件切割与合并软件，用户可以根据 MP3 文件的大小、时间以及帧的方式进行任意切割，还可以将切割后的小文件合并成切割前的完整状态。其主要功能一是把 MP3 文件按选取时间段的方式进行切割；二是将大的 MP3 文件切割成自定义的大小；三是将播放时间长的 MP3 文件切割成自定义的长度；四将切割后的小文件还原成原来的大小。

6. Ableton Live

Ableton Live 是 Ableton 公司出品的专业音序器，是一款专业的音乐制作软件，可以进行音乐的创作、表演、录音等，支持 DX 及 VST 插件，支持实时效果，特别对舞曲方面作了很多优化，尤其适合做舞曲的后期制作。Ableton Live 由于将音频音序器和现场控制方式完美结合了起来，因而迅速成为当年现场音乐家包括工作室音乐人最为追捧的几款软件之一。

7. Absolute Video to Audio Converter

Absolute Video to Audio Converter 是一款功能强大、易用的音频提取软件，能够批量从视频文件中提取音频支持的视频文件，包括 AVI、MPEG/MPG、WMV/ASF，支持的输出音频格式包括 MP3、WMA、OGG 和 WAV，还支持变比特率的 MP3 和 OGG。转换之前，还可以预览视频文件，设定开始时间和结束时间。另外还支持编辑输出的 MP3、OGG 和 WMA 文件中的 ID3 信息。

4.4 音频编辑软件 Cool Edit Pro

4.4.1 音频编辑软件 Cool Edit Pro 概述

Cool Edit Pro 是一款功能强大的音乐编辑软件，可以运行在 Windows 98/NT/XP 操作系统中，能高质量地完成录音、编辑、合成等多种任务，只要拥有它和一台配备了声卡的计算机，也就等于同时拥有了一台多轨数码录音机、一台音乐编辑机和一台专业合成器。

Cool Edit Pro 能记录的音源包括 CD、话筒及各种播放器所播放的声音，并可以对它们进行降噪、扩音、剪接等处理，还可以添加立体环绕、淡入淡出、3D 回响等音效。制成的音频文件，除了可以保存为常见的 WAV、SND、VOC、SAM、IFF、SVX、AIF、VOX、DVD、AU、SND、VCE、SMP、VBA 等多种格式外，还可以直接压缩为 MP3 文件，放到互联网上或发 E-mail 给大家共同欣赏。

  Cool Edit Pro 的常规编辑功能，如剪切、粘贴、移动等，与在文字处理器中编辑文本一样简单，而且还有 6 个剪贴板可用（Cool Edit Pro 提供 5 个加上 Windows 提供的一个），使编辑工作更加轻松方便。Cool Edit Pro 对文件的操作是非损伤性的，对文件进行的各种编辑，在保存之前，Cool Edit Pro 不会对原文件有丝毫改变。经过多次编辑，若不满意，可以多次使用"取消"命令重新编辑。

  Cool Edit Pro 能够自动保存意外中断的工作。重新启动 Cool Edit Pro，系统重新恢复到上次的工作状态，甚至剪贴板中的内容也不会丢失。

  Cool Edit Pro 与现在流行的专业作曲软件 Cakewalk Pro Audio 能很好地结合。只要 Cakewalk Pro Audio 是 5.0b 及以上版本，那么，安装 Cool Edit Pro 后，就可以在 Cakewalk Pro Audio 的工具（Tools）菜单下找到"Cool Edit 2000"项。那么，在 Cakewalk Pro Audio 中完成作曲后，就可以直接启用 Cool Edit Pro 进行编辑。强强结合，将给音乐制作带来更大的便利。

4.4.2 Cool Edit Pro 声音采集

  Cool Edit Pro 能记录的音源包括 CD、话筒及播放器所播放的声音等多种。下面对麦克风录音、CD 录音和转换文件格式举例说明。

1．麦克风录音

麦克风录音的具体操作步骤如下：
（1）将麦克风与声卡连接好。
（2）在 Cool Edit Pro 主窗口中，单击菜单"选项"→"录制调音台"，如图 4-4 所示，弹出"录音控制"窗口，如图 4-5 所示。
（3）在"录音控制"菜单中，单击菜单"选项"→"属性"→"录音"命令，选择要使用的音源（麦克风），如图 4-6 所示。不用的音源不要选，以减少噪音。单击"确定"按钮。
（4）单击菜单"文件"→"新建工程"，通常选 stereo、16bit、44100，这是用于 CD 音质的设置，效果较好。如图 4-7 所示。
（5）单击 Cool Edit Pro 主窗口中左下角的红色"录音"按钮，开始录音，这时计算机将把对着话筒所说或所唱的录制下来。
（6）完成录音后，单击"停止"按钮。要检查效果，单击"播放"按钮。
（7）在 Cool Edit Pro 主窗口中，单击"文件"→"另存为"命令，将文件存储为所需要的格式文件。

2．CD 录音

  CD 录音也可以采用和上述大体相同的方式进行录音。首先将 CD 放入光驱（不要播

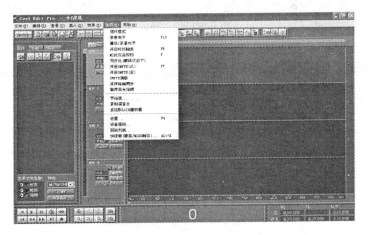

图 4-4 Cool Edit Pro 主窗口

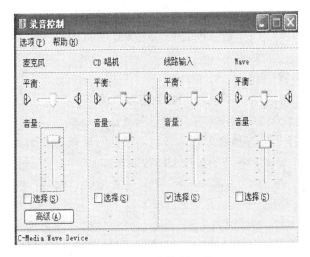

图 4-5 "录音控制"窗口

图 4-6 "录音控制"窗口

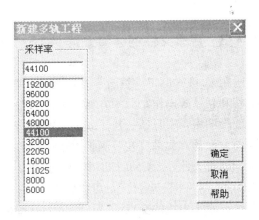

图 4-7 "采样率选择"窗口

放），在 Cool Edit Pro 中设置录音来源为"立体声"，设置好采样频率，播放 CD，开始录音，如图 4-8 所示。这种方法因为是声卡内部录音，所以录音效果和声卡有很大关系。

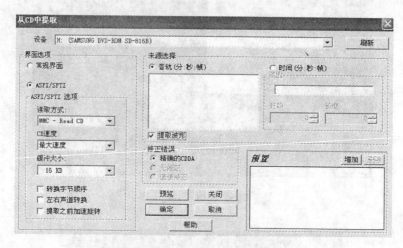

图 4-8　从 CD 中提取音频窗口

CD 录音的操作步骤如下：

(1) 单击菜单"文件"→"从 CD 中提取音频"命令。

(2) 单击"刷新"按钮，选中"提取波形"复选框。

(3) 在"来源选择"中选择要录制的音轨，第几音轨就是 CD 目录上的第几首歌，单击"OK"按钮，Cool Edit Pro 开始提取 CD 数字音频。

(4) 提取完成后，单击 Cool Edit Pro 窗口左下部的"播放"按钮，试播放并和 CD 的音质比较一下。

(5) 单击菜单"文件"→"另存为"命令，弹出"另存波形为"对话框，如图 4-9 所示。在"文件名"文本框中输入文件名，再单击"保存类型"下拉列表框，选择存储文件的类型为"*.mp3"。

(6) 单击"保存"按钮。这样就把 CD 格式的文件（扩展名为 .cda）转换成了 MP3 格式（扩展名为 .mp3）。

4.4.3　声音文件的编辑处理

用 Cool Edit Pro 编辑声音，与在文字处理器中编辑文本相似：一方面，都包括复制、剪切和粘贴等操作；另一方面，都需事先选择编辑对象或范围，对于声音文件而言，就是在波形图中，选择某一片段或整个波形图。一般的选择方法是在波形上按下鼠标左键向右或向左滑动。如果要往一侧扩大选择范围，可以在那一侧右击鼠标；要选整个波形，双击鼠标即可。此外，Cool Edit Pro 还提供了一些选择特殊范围的菜单，它们集中在"编辑"菜单下，如"零点定位"，可以将事先选择波段的起点和终点移到最近的零交叉点（波形曲线与水平中线的交点），Find Beats（查出节拍），可以以节拍为单位选择编辑范围。对于立体声文件，还可以单独选出左声道或右声道进行编辑。

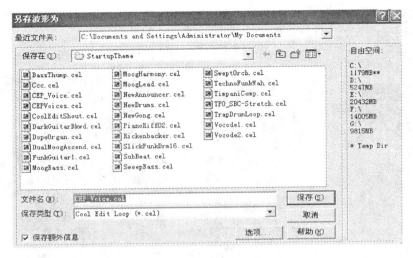

图 4-9 存储 CD 录音

编辑完成后若不满意可以用 Undo 命令还原，重新进行编辑。下面对波形文件的剪切、粘贴、复制等举例说明。

1. 剪切波段

（1）单击"文件"→"打开"命令，弹出"打开波形文件"对话框，选择一个文件，单击"打开"按钮。

（2）用鼠标拖动选中要剪切的波段右击，选择菜单中的"剪切"命令，如图 4-10 所示。

（3）单击 Cool Edit Pro 窗口左下部的播放按钮，试听。若不满意，可以用 Undo 命令还原，重新进行编辑。

（4）保存文件。

2. 复制、粘贴波段

（1）单击"文件"→"打开"命令，弹出"打开波形文件"对话框，选择一个文件，单击"打开"按钮。

（2）用鼠标拖动选中要添加的波段右击，选择"复制"或"剪切"命令。

（3）用鼠标选择要添加波段的位置，单击鼠标右键，选择"粘贴"命令。

（4）如果想把复制的波段在新文件内使用，单击 File→New 命令打开新文件，单击鼠标右键，选择"粘贴"命令。

（5）若想利用复制的波段直接建立一个新文件，则可选择"拷贝到新文件"，再单击"文件"→"另存复制"命令保存文件。

3. 声音的叠加

利用 Cool Edit Pro 的编辑功能，还能将当前剪贴板中的声音与窗口中的声音混合。

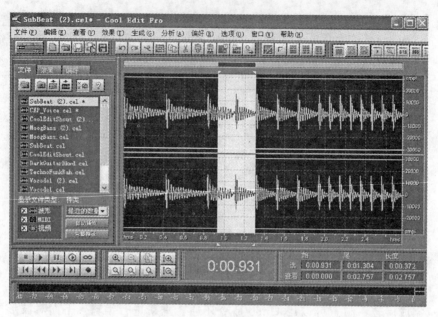

图 4-10 剪切命令

Cool Edit Pro 提供的混合方式有插入（Insert）、叠加（Overlap）、替换（Replace）和调制（Modulate）。波形图中黄色竖线所在的位置为混合起点（即插入点），混合前应先调整好该位置。

如果一个声音文件听起来断断续续，可以使用 Cool Edit Pro 的删除静音功能，将它变为一个连续的文件，方法是单击菜单"编辑"→"删除静音"命令。

为便于编辑时观察波形的变化，可以单击"波形缩放"按钮（不影响声音效果）。按钮分两组，"水平缩放"按钮在窗口下部，有 6 个，带放大镜图标；垂直缩放按钮只有两个，在窗口右下角，同样有放大镜图标。此外，也可以在水平或垂直标尺上，直接滑动鼠标滚轮。右击标尺，还可以弹出菜单，用于定制显示效果。下面对波形文件的叠加举例说明。

波形文件叠加的具体操作步骤如下：

（1）单击"文件"→"打开"命令，弹出"打开波形文件"对话框，选择"1.mp3"文件，单击"打开"按钮。

（2）用鼠标拖动选中的一段波形，单击鼠标右键，选择"复制"命令。

（3）重复第（1）步，打开另一个波形文件，如选择"2.mp3"文件，单击"打开"按钮。

（4）用鼠标选择要添加波段的位置，单击菜单"编辑"→"混合粘贴"命令，弹出"混合粘贴"对话框，如图 4-11 所示，选择混合方式为"混合"，还可以通过"音量"左右声道的滑块调节左右声道的大小。设置完成后，单击"确定"按钮。

（5）单击 Transport Buttons 的 Play 按钮试播放，在叠加的波段会有两首歌的音乐。

（6）单击"文件"→"保存"命令保存文件。

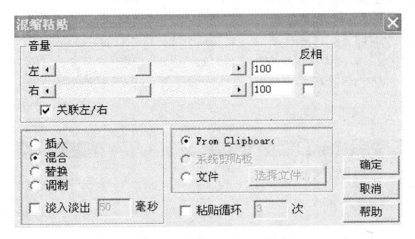

图 4-11 "混合粘贴"对话框

4. 删除静音

(1) 单击"文件"→"打开"命令，打开录制的"例一.wav"。

(2) 单击"编辑"→"删除静音"命令，弹出删除静音对话框，如图 4-12 所示；单击"查找电平"按钮进行采样，再单击"确定"按钮。

(3) 单击 Transport Buttons 的 Play 按钮试播放，听删除静音前后乐曲的区别。

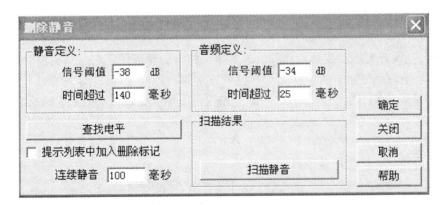

图 4-12 "删除静音"对话框

5. 降噪、混响、变速

添加音效，是 Cool Edit Pro 最出色的功能之一。在 Cool Edit Pro 菜单的"效果"项下，有 11 个子菜单。通过它们，用户可以方便地制作出各种专业的、迷人的声音效果。如"渐变"、"空间回旋"产生立体效果；"合唱"、"回声"等，能够在不影响声音质量的情况下，改变乐曲音调或节拍等。

Cool Edit Pro 中，各种音频处理器都有一些软件预设的处理方案，很多都可以直接使用。下面对设置降噪、淡入、淡出、混响、变速、变调等举例说明。

（1）设置降噪的具体操作步骤：

① 单击"文件"→"打开"命令，打开一个波形文件（例一.wav）。

② 波形放大，将噪声区内波形最平稳且最长的一段选中，一般为没有音乐信号的间隔处，单击"效果"→"噪音消除"→"降噪器"命令，弹出"降噪器"对话框，如图4-13所示。

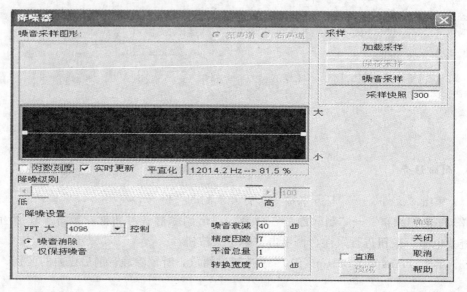

图 4-13 "降噪器"对话框

③ 单击"噪音采样"按钮，几秒后出现噪声样本的轮廓图，单击"确定"按钮。

④ 按"Ctrl+A"组合键选择整个音频，再次调出降噪窗口波形，根据刚才的噪声采样，调整"降噪级别"的值，单击"预览"按钮可以预听处理后的效果，满意后单击"确定"按钮。

⑤ 单击"文件"→"保存"命令保存文件。

（2）设置淡入、淡出的具体操作步骤：

① 单击"文件"→"打开"命令，打开文件，打开"映山红.wma"文件。

② 选中"效果"→"波形振幅"→"渐变"命令，如图 4-14 所示。

③ 出现"波形振幅"对话框后，选中"淡入/出"选项，如图 4-15 所示。

④ 左右移动初始值、结束值滑块，选择按"线性改变"或"对数改变"的方式自动进行音量的平滑过渡。

⑤ 单击"预览"按钮可以预听处理后的效果。在试听中还可以调整初始值、结束值滑块，满意后单击"确定"按钮，存储文件。

（3）设置混响的具体操作步骤：

① 单击"文件"→"打开"命令，打开"一眼万年.wma"文件。

② 单击"效果"→"常用效果器"→"完美混响"命令，如图 4-16 所示。

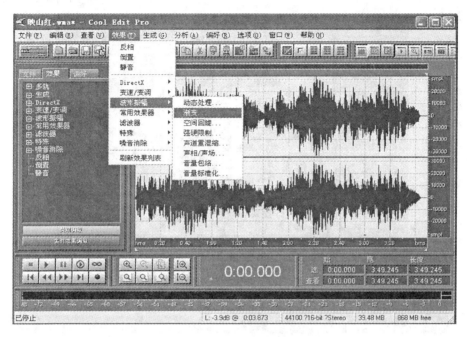

图 4-14 淡入、淡出菜单选取

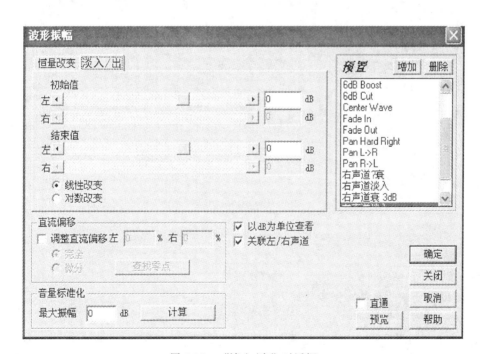

图 4-15 "淡入/出"对话框

③ 在"完美混响"界面中选择"常规混响",通过"混缩"选项区域的"原始声"、"早反射"、"混响"滑动条设定混响效果,如图 4-17 所示。

④ 单击"预览"按钮预听处理后的效果,在试听中还可以调整滑动条,满意后单击

多媒体技术与应用

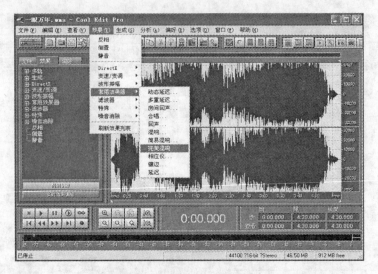

图 4-16 完美混响效果选取

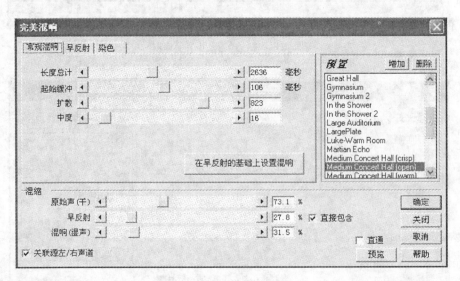

图 4-17 "完美混响"界面

"确定"按钮，存储文件。

（4）设置变调的具体操作步骤如下：

① 单击"文件"→"打开"命令，打开"映山红.wma"文件。

② 单击"效果"→"变速/变调"→"变调器"，出现"变调器"界面，如图 4-18 所示。

③ 在"预置"中选"Squirrely"，用鼠标拉动曲线。

④ 按"预览"按钮试听，满意后单击"确定"按钮。变调主要是为了产生怪声。

（5）设置变速的具体操作步骤如下：

① 单击"文件"→"打开"命令，打开"映山红.wma"文件。

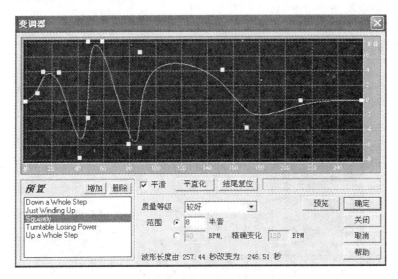

图 4-18 "变调器"界面

② 单击"效果"→"变速/变调"→"变调器",出现"变速"界面,如图 4-19 所示。

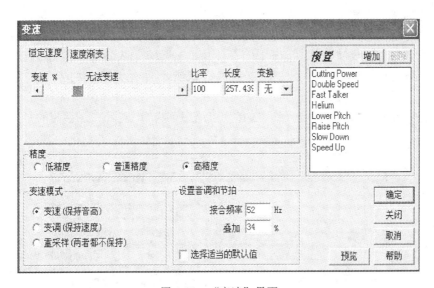

图 4-19 "变速"界面

③ 拉动变速滑块到不同的位置,按"预览"按钮试听。在试听的过程中,可以滑动滑块。

④ 满意后单击"确定"按钮。

6. 多个音轨的处理

这种处理一般是将一个音轨中置入音乐,跟随伴奏音乐开始讲话或演唱,最后合成为一个配乐的讲话或歌曲。

（1）在 Cool Edit Pro 左上角第一个波形按钮，是"切换为多轨界面"和"切换为波形编辑界面"的转换按钮，切换为多轨界面后如图 4-20 所示。

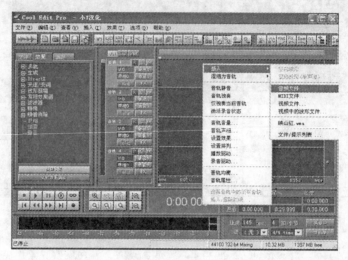

图 4-20　在音轨 1 中输入一音频波形

（2）光标置于音轨 1 的空白处，单击鼠标右键，在音轨 1 中输入一音频波形。

（3）在音轨 2 中按下"R"按钮，再在"实时效果编组"中按下红色的录音按钮，跟随伴奏音乐开始讲话或演唱。该音乐是音轨 1 中的音乐，录入的讲话存储在音轨 2 中。

（4）录音完毕后，可点左下方播音键进行试听，看有无严重的差错，是否要重新录制。

（5）保存文件，如图 4-21 所示，选择"混缩另存为"，最后文件存储的是一个配音讲话或演唱。

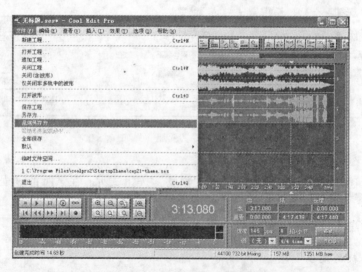

图 4-21　保存录制的文件

【本章小结】

音频是人们用来传递信息最方便、最熟悉的方式，是多媒体系统使用最多的信息载体之一。本章主要讲述了音频信息的基本属性，并对音频信息的不同格式进行了描述，重点介绍了音频信息的数字化过程——采样、量化、编码，以及数字音频的各种技术指标。最后以 Cool Edit Pro 软件为例对音频处理软件及其使用情况进行了说明。

习 题 4

一、选择题

1. 数字音频采样和量化过程所用的主要硬件是_____。
   A. 数字编码器　　　　　　　　B. 模拟到数字的转换器（A/D 转换器）
   C. 数字解码器　　　　　　　　D. 数字到模拟的转换器（D/A 转换器）
2. 音频卡是按_____分类的。
   A. 采样频率　　　　　　　　　B. 声道数
   C. 采样量化位数　　　　　　　D. 压缩方式
3. 两分钟双声道、16 bit 采样位数、22.05 kHz 采样频率声音的数据存储容量是_____。
   A. 5.05MB　　　　　　　　　　B. 10.58MB
   C. 10.35MB　　　　　　　　　 D. 10.09MB
4. 目前音频卡具备_____功能。
   (1) 录制和回放数字音频文件　　(2) 混音
   (3) 实时解压缩数字音频文件　　(4) 语音识别
   A. (1) (3) (4)　　　　　　　　B. (1) (2) (3)
   C. (2) (3) (4)　　　　　　　　D. 全部
5. MIDI 的音乐合成器有_____。
   A. FM　　　　　　　　　　　　B. 波表
   C. 复音　　　　　　　　　　　D. 音轨
6. 下列采集的波形声音质量最好的是_____。
   A. 单声道、8 bit 量化、22.05 kHz 采样频率
   B. 双声道、8 bit 量化、44.1 kHz 采样频率
   C. 单声道、16 bit 量化、22.05 kHz 采样频率
   D. 双声道、16 bit 量化、44.1 kHz 采样频率
7. 声音是一种波，它的两个基本参数为_____。
   A. 采样率、采样位数　　　　　　B. 音色、音高
   C. 噪声、音质　　　　　　　　　D. 振幅、频率
8. 需要使用 MIDI 的情况是_____。
   (1) 没有足够的硬盘存储波形文件时
   (2) 用音乐伴音，而对音乐质量的要求又不是很高时

(3) 想连续播放音乐时
(4) 想音乐质量更好时
A. (1)   B. (1) (2)
C. (1) (2) (3)   D. 全部

二、简答题

1. 声音文件的作用是什么？
2. WAV 格式文件和 MIDI 格式文件有什么不同？
3. 声音的三要素是什么？
4. 模拟声音文件如何实现数字化？
5. 如何利用 Windows 提供的录音机进行声音录制？
6. 人耳能听到的声音频率范围是多少？
7. 试计算 1 min 双声道、16 bit 采样位数、44.1 kHz 采样频率声音的不压缩的数据量。

三、思考题

1. 音频文件的数据量与哪些因素有关？
2. 为什么不易进行改变声音时间长度的操作？

第 5 章 图像的编辑与制作

视觉媒体是人类能直接感知的最丰富的媒体信息。图像是视觉媒体中一种非常重要的表现形式。在现实生活中,图像往往能为人们传递更多彩、更丰富的信息,人们也愿意将自己的生活用图像记录下来。图像处理的过程中,数字化是其中最基本的过程,众多的属性使图像的编辑方法与技术多样,因此,图像处理技术一直以来都是多媒体技术研究的热点。大量工具和软件的出现使图像的编辑与制作变得十分容易。

在人类能够直接感知的众多媒体信息中,视觉媒体是人类最丰富的信息来源。统计表明,人类在感知外界信息的过程中,视觉获取的信息高达65%,其次是听觉,约占20%。人们通过视觉而感知的信息,我们称为视觉媒体。视觉媒体所包含的内容十分广泛,如图形、图像、文字、动画、景观、物体、人的各种肢体动作等,这些都属于视觉媒体。

事实上,计算机对视觉媒体中的不同对象的表示、处理、显示、存储等方法也是不同的,在多媒体技术的研究与应用中,常常将视觉媒体中的不同对象看做不同的媒体形式,如图像信息、视频信息等,而且通常将这些不同的媒体形式作为多媒体技术的具体研究对象。本章主要讨论的就是图像信息的获取、处理与制作等。

5.1 图像概述

5.1.1 基本概念

1. 什么是图像

图像是人们非常熟悉的一个名词。对于图像的定义有很多,目前采用比较多的一种定义如下:

所谓图,就是指用描绘或摄影等方法获得的外在景物的相似物;所谓像,就是指直接或间接得到的人或物的视觉印象。一般地讲,图像就是指人类视觉系统所感知的信息形式,或者是人们心目中的有形想象。

一般来说,图像是由扫描仪、摄像机等输入设备捕捉实际的画面产生的数字图像,是由像素点阵构成的位图。

2. 位图

在计算机对图像进行表示、获取、编辑、显示和存储的多种方式中,位图是其中最基本、最常用的一种表现形式。

位图图像是由若干个像素点组成的。图 5-1 就是一幅 64×64 的位图图像。可以将位图看成是一个由若干像素点排列成的二维矩阵，因此也称点阵图。其中，每个像素点都记录着图像的一些信息，然后将这些像素点按照一定的规则组织，并表现出来，就可以形成一幅图像。从技术角度讲，位图图像是指在空间和亮度上都已经离散化了的图像。

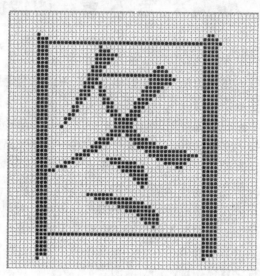

图 5-1　一幅 64×64 的位图图像

位图中，每个像素对应着图像中的一个点，像素的值用若干个二进制数进行描述，表示这个点的灰度等级，并且与显存和显示器上的点进行对应，形成"位映射"关系。

一般情况下，计算机中的图主要分为位图图像和矢量图形两大类。位图也称为栅格图像，它使用彩色网格即像素来表示图像。每个像素都具有确定的位置和颜色值。在处理位图图像时，编辑的是像素，而不是对象和形状。位图图像的质量与分辨率有关，因此，如果在屏幕上对它们进行缩放或以低于创建时的分辨率来打印，将丢失其中的细节，这也是图像出现锯齿状的原因。

矢量图形由称为矢量的数学对象定义的线条和曲线组成。矢量根据图形的几何特性描述图像。矢量图形与分辨率无关，也就是说，可以将它们缩放到任何尺寸，可以按任意分辨率打印，而不会遗漏细节或降低清晰度。因此，矢量图是表示标志图形的最佳选择，因为标志图（徽标）在缩放到不同大小时仍必须保持清晰的线条和相应的比例。

3. 模拟图像和数字图像

模拟图像——以连续形式存储的数据，如用传统相机拍摄的照片就是模拟图像。

数字图像——用二进制数字处理的数据，如用数码相机拍摄的数字照片。

图像数字化——就是将图像上每个点的信息按某种规律（模拟/数字转换）编成一系列二进制数码，即用数码来表示图像信息。这种用数码来表示的图像信息可以存储在磁盘、光盘等存储设备里，也可以不失真地进行通信传输，更可以有利于计算机进行分析处理。

将模拟图像转化成数字图像可以分别从处理速度、灵活性、表现精度、传输和再现性等方面去讨论、比较：

- 就处理速度来讲，模拟图像相对较快，比如拍照、录像、投影等，可在一个闭合的系统内很快形成；而数字图像的处理就相对较慢，尤其是在机器性能不是很高时。
- 就灵活性来讲，模拟图像相对较差，能采用的处理方式很少，往往只能进行放大、缩小等；而数字图像的处理就相对较灵活。由于数字图像的结构本身就是一些相对独立的数字，修改它们可以非常精确、灵活多样、以非常简单的方式进行。
- 就表现精度来讲，如果单从表面上看，数字图像由于有采样的环节，其精度可能亚于模拟图像。但如果把分辨率（dpi）提高到每英寸 80 个像素以上，那么这样的数字图像的表现精度与模拟图像就相差无几了。
- 就传输来讲，由于数字图像以电子数字信息为载体，模拟图像多以实物为载体，显然数字图像的传输优于模拟图像。
- 从再现性角度看，模拟图像如相片的保存性较差，无论是胶片还是印制好的正片，其有机成分都将随时间和环境的改变而改变，所以我们认为模拟图像的再现性较差。而数字图像不会因为保存、传输或复制而产生图像质量上的变化。

5.1.2 图像的技术参数

1. 分辨率

分辨率是影响图像质量的最基本的参数之一。一般情况下，主要从两个方面来考虑分辨率。

（1）显示分辨率

显示分辨率是指在一定显示方式下，显示设备上用于显示图像的最大区域的范围，一般以水平像素点×垂直像素点来表示。例如 1024×768，表示显示器屏幕的水平方向是 1024 个像素，垂直方向有 768 个像素。

需要说明的是，显示分辨率有最大显示分辨率和当前显示分辨率之分。最大显示分辨率由显示设备的物理参数所限制，一般是由显示器和显卡决定的。而当前显示分辨率是由用户选择的参数来决定的。如一个最大显示分辨率是 1024×768 的显示设备，可以选择的当前显示分辨率通常有 640×480、800×600 和 1024×768 三种。

（2）图像分辨率

图像分辨率是指组成一幅图像的像素数目，一般也是以水平像素点×垂直像素点来表示。图像分辨率的另一种度量方法是用每英寸多少点（Dot Per Inch，DPI）来表示的，即通过一幅图像的像素密度来度量图像的分辨率。一般情况下，DPI 表示方法在图像的扫描中使用得比较多。当然，这两种度量方法都是度量值越大，图像的质量越高。

另外，图像分辨率与显示分辨率是两个不同的概念。比如，当显示分辨率为 800×600 时，如果一幅图像的图像分辨率为 1024×768，那么显示器的屏幕就不能将这幅图像显示完全。而如果图像的分辨率是 400×300，那么这幅图像在显示器的屏幕上就可以完全显示，且在水平与垂直方向上各占据了一半的空间。另外，图像分辨率越高，意味着每英寸所包含的像素点越高，图像就有越多的细节，颜色过渡就越平滑。图像分辨率和图像文件的大小之间有着密切的关系,图像分辨率越高,所包含的像素点越多,也就是图像的信息量越大,因而文件就越大。

实际上,除了这两种主要的分辨率之外,还有其他一些分辨率:

像素分辨率:指一个像素点的宽与长之比。不同的像素长宽比会使图像的显示效果不一样。当显示分辨率发生变化时,系统都会自动对像素分辨率进行调整。

扫描分辨率:表示扫描仪输入图像的细微程度,单位是 DPI。数值越大,表示被扫描的图像转化为数字化图像越逼真,扫描仪的质量就越好。

打印分辨率:一般指打印机输出图像的技术指标,由打印头每英寸输出的点数决定,单位也是 DPI,高清晰度的打印超过 600DPI。

2. 图像深度

在描述一幅图像时,图像中每个像素的值都是由若干位二进制数表示的。这个二进制数的位数越多,表示这个像素或这幅图像所能显示的颜色数就越多,因此,这个位数就被称为图像深度。实际上,这是图像在被数字化的过程中进行量化的结果,这个位数也称为量化位数。如果一个像素用 8 位二进制数表示,那么彩色图像所能表示的颜色数就是 $2^8=256$ 种,或者是黑白图像的灰度级就是 256 级。

3. 颜色类型

在图像素材中,颜色是其中非常重要的一个属性。图像颜色的表示是不唯一的,而且往往用三维空间来表示,如 RGB 颜色空间等。在颜色类型中,一般主要有三种类型:

(1) 真彩色:指图像中每个像素值都是由 R(红)、G(绿)、B(蓝)三个基色分量组成的。每个基色分量将直接决定其基色的强度。真彩色的图像深度为 24,即 R、G、B 三个分量分别用 8 位二进制数来表示各基色的强度,这样共表示 16777216 种颜色。

(2) 伪彩色:指通过查找映射的方法产生的色彩。在伪彩色中,每个像素的值实际是一个索引值或代码值,这个值是颜色查找表(Color Look-Up Table,CLUT)中的入口地址,然后根据这个地址在表中找到它对应的 R、G、B 的分量值,最后再形成颜色。

(3) 调配色:它是通过每个像素点的 R、G、B 分量分别作为单独的索引值,进入相应的颜色查找表中找到各自的基色强度,然后再用变换后的 R、G、B 强度值产生色彩。

4. 图像的数据量

图像的数据量,也称图像的容量,即图像在存储器中所占的空间,单位是字节。图像的数据量与很多因素有关,如色彩的数量、画面的大小、图像的格式等。图像的画面越大、色彩数量越多,图像的质量就越好,文件的容量也就越大,反之则越小。一幅图像数据量的大小与图像的分辨率和图像的深度成正比。一幅未经压缩的图像,其数据量大小的计算公式为:

$$\text{图像数据量大小} = \frac{\text{垂直像素总数} \times \text{水平像素总数} \times \text{色彩深度}}{8}$$

例如一幅 65536 级的图像,其图像分辨率为 800×600,那么它的数据量就是:

$$\frac{800 \times 600 \times 16}{8} = 960000 \text{ Byte}$$

计算机图像的容量是在多媒体系统设计时必须考虑的问题。尤其在网页制作方面，图像的容量关系着下载的速度，图像越大，下载越慢。这时就要在不损失图像质量的前提下，尽可能地减小图像容量，以在保证质量和下载速度之间寻找一个较好的平衡点。

5.1.3 图形与图像

1．图形

图形是利用计算机对图像进行运算后形成的抽象化结果，或者说是指一种抽象化的图像。它是依据一种标准对图像进行分析而产生的结果。图形通常是用各种绘图工具绘制的，由直线、圆、弧线、矩形等图元构成。

与位图不同的是，图形不直接描述其中的每一点，而是通过指令的形式来描述构成图形的这些点和图元的位置、大小、形状、过程和方法等特性，而且还可以根据需要，采取更复杂的指令形式来表示其中的曲面、光照效果、材质效果等。这样的图形就称为矢量图形，一般简称为图形。

以上是绘制图形的基本情况。计算机在显示这些图形的时候，先要读取这些指令，然后对它们进行解释，接着按照这些指令的要求进行操作，即在屏幕上显示出图形的形状、颜色等信息。

图形一般分为二维图形和三维图形两大类。二维图形是平面的，绘制和变换都是在二维空间进行，相对简单一些。三维图形需要在三维立体空间中显示与变换，绘制和变换的方法，尤其是加上一些特殊效果，如填充、消隐等，就更加复杂了。但是，三维图形的用处和效果要更好一些。

2．图形与图像的关系

（1）图像是用具有一定灰度级的点阵描述的图。图形是用图元和操作过程描述的图，是抽象化的图像。图形不是客观存在的，是根据客观事物而主观形成的，即从"描述"到"图像"；而图像则是对客观事物的真实描述。

（2）获取方式的不同。图像的获取方式比较简单，用数码相机、摄像机等都可以方便地获取，而用计算机绘图相对要困难一些，要用各种命令去处理。但是，图形在获得进一步的信息时又比较方便。因此它们的处理软件一般也是不同的，如 Photoshop 以图像处理为主，而 3DMax 和 AutoCAD 就以图形处理为主。

（3）缩放的不同。图形在伸缩变化时，可以保持不失真，可以适应不同的分辨率；但是图像放大时会发生失真现象，可以看到整个图像是由很多像素组合而成的，即产生马赛克效应。

（4）适用场合不同。图形适合于描述轮廓不很复杂、色彩不很丰富的对象，如几何图形、工程图纸、CAD、3D 造型等；而图像适合表现含有大量细节（如明暗变化、轮廓色彩丰富）的对象，如照片等。

（5）存储方式的不同。图形文件存储的是画图的函数或指令，而图像文件存储的则是像素的位置、颜色信息或灰度信息等。

（6）处理方式的不同。图形可以进行旋转、扭曲、拉伸等操作，而图像可以进行对比度增强、边缘检测等操作。图形一般是使用几何算法来处理，而图像一般使用滤波、统计等算法处理。

计算机图形学和图像处理技术是有区别的，计算机图形学（Computer Graphics，CG）是研究通过计算机将数据转换成图形，并在专用设备上进行显示的原理、方法和技术的学科。其主要研究内容就是研究如何在计算机中表示图形以及利用计算机进行图形的计算、处理和显示的相关原理与算法。图形通常由点、线、面、体等几何元素，以及灰度、色彩、线型、线宽等非几何属性组成。计算机图形学研究用点、线、面、体等几何元素生成物体的模型，将模型存放在计算机里，并可修改、合并、改变模型和选择视点来显示模型，其重点是研究如何将数据和几何模型转变成图像，主要应用于工程制图、机械模型、曲线图表统计、桌面印刷排版等。图像处理技术是采用计算机外部辅助设备（如扫描仪、视频采集器等）输入的像素数据包（图像、画面数字信息库）进行处理、压缩、传输的一门计算机技术，应用层面非常广，如电视频带压缩、卫星资源照片、气象云海图、医用辅助诊断的CT扫描、交通道路监视、多媒体影像等。在实际应用中，图形、图像技术也是相互关联的。

5.2 图像的数字化

5.2.1 基本概念

现实空间中，以照片或视频等形式记录的图像在亮度和颜色等信号上都是连续的，属于模拟信号，这样的图像有时也称为模拟图像。而计算机是无法接收和直接处理这些连续的模拟信号的，因此要对这些图像进行数字化，要将这些图像转化为用一系列数据表示的数字图像。这一转换过程就称为图像的数字化。

所谓数字化图像，就是将图像上每个点的信息按某种规律（模拟/数字转换）转换成一系列二进制数的编码，即用二进制编码来表示图像信息。计算机可以对这种用编码表示的图像信息进行存储、传输和分析处理。

图像数字化的目的是把真实的图像转换为计算机能接受的格式，并且在输出的时候，尽可能真实地还原出图像原有的面目。

5.2.2 数字化过程

图像在进行数字化的过程中，一般需要经过采样、量化和编码这三个步骤。

1. 采样

计算机在处理图像模拟量时，首先就是要通过外部设备如数码相机、扫描仪等来获取图像信息，即对图像进行采样。所谓采样就是计算机按照一定的规律，对一幅原始图像的图像函数 $f(x,y)$ 沿 x 方向以等间隔 Δx 采样，得到 N 个采集点，沿 y 方向以等间隔 Δy 采样，得到 M 个采集点，这样就从一幅原始图像中采集到 $M \times N$ 个样本点，构成了一个离散样本阵列。这个过程就是采样的过程。

这个过程中主要的参数就是采样频率。所谓采样频率，指一秒钟内采样的次数，它反映了采样点之间的间隔大小。丢失的信息越少，采样频率越高，图像的质量越高，当然，图像的数据存储量也越大。

2. 量化

采样是对图像进行离散化处理。下一步就是要对采集到的这些样本点进行数字化处理，实际上是对样本点的颜色或灰度进行等级划分，然后用多位二进制数表示出来，即对模拟图像的像素点所呈现出的特性，用二进制数据的方式记录下来。

这个等级的划分称为样本的量化等级。量化等级是图像数字化过程中非常重要的一个参数。它描述的是每幅图像样本量化后，每个样本点可以用多少位二进制数表示，反映图像采样的质量。

3. 编码

在以上两项工作完成后，就需要对每个样本点按照它所属的级别，进行二进制编码，形成数字信息，这个过程就是编码。如果图像的量化等级是 256 级，那么每个样本点都会分别属于这 256 级中的某一级，然后将这个点的等级值编码成一个 8 位的二进制数即可。

5.2.3 常见的图像文件格式

图像在存储时由两部分组成：图像的说明部分和图像的数据部分。图像的说明部分说明图像的格式、深度、高度、宽度和压缩方法等内容。这些内容一般存放在文件的头部，有时也会有部分内容存放在文件的尾部。图像的数据部分描述图像中每个像素的值和彩色变换表等。下面介绍几种图像的存储格式。

1. BMP 格式

BMP（Bitmap）格式是独立于图像设备的一种文件格式。它是 Windows 系统所采用的图形文件格式，基本上所有的图像处理软件都支持这种格式。它采用位映射的方式存储像素数据，而且除了图像深度可以选择外，不采用任何压缩方式。存储数据时，图像的扫描方式按从左到右、从上到下的顺序来进行。典型的 BMP 图像文件由四部分组成：位图文件头数据结构，它包含 BMP 图像文件的类型、显示内容等信息；位图信息数据结构，它包含 BMP 图像的宽、高、压缩方法；彩色表；定义位图的字节阵列。

2. JPEG 格式

JPEG（Joint Picture Expert Group）格式是目前静态图像中使用最为广泛的一种图像存储格式。由于 JPEG 格式的图像文件压缩比高，图像清晰，文件的大小比 BMP 格式小得多，而且基本上得到了所有图像处理软件的支持，因此使用得比较广泛。它使用的压缩算法一般就称为 JPEG 压缩算法，是一种以离散余弦变换（Discrete Cosine Transform，DCT）为基础的有损压缩算法。在压缩比为 25∶1 的情况下，压缩后还原得到的图像与原始图像相比较,非图像专家很难找到它们之间的区别。近年来,专家们正在制定 JPEG 2000 标准。

3. GIF 格式

图形交换格式(Graphic Interchange Format,GIF)是 CompuServe 公司开发的图像文件存储格式,它以数据块为单位存储图像的相关信息。一个 GIF 文件由表示图形/图像的数据块、数据子块以及显示图形/图像的控制信息块组成,称为 GIF 数据流。它采用 LZW 压缩算法来存储图像数据。GIF 格式有一个重要的特征就是在一个文件中可以分层存储多幅彩色图形/图像,从而在打开文件的时候可以形成动画效果。

4. PNG 格式

可移植性网络图像(Portable Network Graphics,PNG)格式是一种位图文件存储格式。用它来存储灰度图像时,图像的深度可达 16 位,存储彩色图像时,深度可达 48 位,并且还可以存储 16 位的 α 通道数据。它使用的是由 LZ77 派生的无损数据压缩算法。目前有取代 GIF 和 TIFF 格式的趋势。

5. TIFF 格式

TIFF(Tagged Image File Format)是 Macintosh 和 PC 机上使用最广泛的位图交换格式,在这两种硬件平台上移植 TIFF 图形、图像十分便捷。这种格式可支持跨平台的应用软件,大多数扫描仪也都可以输出 TIFF 格式的图像文件。该格式支持的色彩数最高可达 16M 种,采用的 LZW 压缩方法是一种无损压缩算法,支持 α 通道。

6. TGA 格式

TGA(Tagged Graphics)是 True Vision 公司为其显卡开发的一种图像文件格式,创建时间较早,最高色彩数可达 32 bit,其中包括 8 bit 的 α 通道用于显示实况电视。TGA 的结构比较简单,属于一种图形、图像数据的通用格式,在多媒体领域有很大影响,是计算机生成图像向电视转换的一种首选格式。TGA 图像格式最大的特点是可以做出不规则形状的图形、图像文件。该格式已经被广泛应用于 PC 的各个领域,在动画制作、影视合成、模拟显示等方面发挥着重要的作用。

7. PSD 格式

PSD 格式是 Adobe 公司的图像处理软件 Photoshop 的专用格式,它支持 Photoshop 提供的所有图像模式,包括多通道、多图层和多种色彩模式。实际上,它是 Photoshop 进行平面设计的一张"草稿图",里面包含各种图层、通道、遮罩等多种设计的样稿,以便于下次打开文件时可以修改上一次的设计。在 Photoshop 所支持的各种图像格式中,PSD 的存取速度比其他格式快很多,功能也很强大。

8. UFO 格式

UFO 格式是 Ulead 公司的图像处理软件 PhotoImpact 的专用图形格式,该格式图像文件与 Adobe 公司的 PSD 格式类似，能够完整记录所有经过 PhotoImpact 处理过的属性。不过在记录原理上则有些不同，UFO 格式以物件来代替图层。

9. RIF 格式

RIF 格式是作图软件 Painter 的专用图形格式，处理方式和前面介绍的软件大同小异，都可以储存相当多的属性资料。Painter 可以打开 PSD 文件，而且经过 Painter 处理过的 PSD 文件在 Photoshop 中通用。这样可以利用同一文件在 Photoshop 和 Painter 中交换使用。

10. CDR 格式

CDR 格式是绘图软件 CorelDraw 的专用图形文件格式。由于 CorelDraw 是矢量图形绘制软件，所以 CDR 可以记录文件的属性、位置和分页等。然而它在兼容度上比较差，因为其他图像编辑软件打不开此类文件。

11. EPS 格式

EPS 是 Encapsulated PostScript 的缩写，是跨平台的标准格式，主要用于矢量图像和光栅图像的存储。EPS 格式采用 PostScript 语言进行描述，并且可以保存其他一些类型信息，例如多色调曲线、Alpha 通道、分色、剪辑路径、挂网信息和色调曲线等，因此 EPS 格式常用于印刷或打印输出。向量图可以转成 EPS 格式，点阵图也可以转成 EPS 格式。Photoshop 中的多个 EPS 格式选项可以实现印刷打印的综合控制，在某些情况下甚至优于 TIFF 格式。

12. SWF 格式

SWF（Shock Wave Flash）格式是 Macromedia 公司软件 Flash 生成的一种动画文件格式。这是一种网络矢量图形标准，压缩率高，但需要 Flash 软件或插件才能播放。

13. WMF 格式

WMF（Windows Metafile）格式是 Microsoft Windows 中常见的一种图元文件格式，用于 Windows 下的存储和交换，VB、MS Office、PageMaker、CorelDraw 等软件都支持这种格式。WMF 格式与设备无关，属于显示列表，可以很好地组织结构，可以比相应的位图小很多。它具有文件短小、图案造型化等特点，整个图形常由各个独立的组成部分拼接而成，但图形往往较粗糙。Microsoft Office 的剪贴画使用的就是这个格式。

14. DXF 格式

绘图互换格式（Drawing Exchange Format）是 AutoCAD 中的图形文件格式，它以 ASCII 方式储存图形，在表现图形的大小方面十分精确，用于计算机辅助设计绘图数据的交换，可被 CorelDraw 和 3DS 等大型软件调用编辑。

5.3 图像采集方法及处理软件

5.3.1 图像采集方法

1. 扫描图像

扫描仪（如图 5-2 所示）是一种光机电一体化的典型静态图像输入设备，是将各种形式的图像信息输入计算机的重要工具之一。其最基本的功能就是将反映图像特征的光信号转换成计算机可以识别的数字信号。

图 5-2 扫描仪

目前扫描仪已广泛应用于各类图形/图像处理、出版、印刷、广告制作、办公自动化、多媒体、图文数据库、图文通信、工程图纸输入等领域。

扫描仪的功能已经比过去要强大很多，许多物品都可以成为它的扫描对象，都可以被转换成静态图像。例如，照片、文本页面、图纸、美术图画、照相底片，甚至纺织品、标牌面板、印制板样品等三维对象都可作为扫描对象。图像扫描是经常用到的一种图像获取方法，用这种办法可以使现有的图片或照片进入计算机变成人们需要的素材，进行编辑。

扫描仪的使用方法也是非常方便和简单的，而且一般都配备的有专用的扫描软件，可以按照用户的要求将图像存储为不同格式的文件。

（1）扫描仪的技术指标

扫描仪的技术指标中最重要的是扫描仪的分辨率，通常用 dpi 表示。扫描仪的分辨率分为 3 种：光学分辨率、机械分辨率和差值分辨率。光学分辨率也称为水平分辨率，是指扫描仪的光学仪器 CCD 每英寸所能捕捉的像素点数，它取决于扫描头中的 CCD 数量。机械分辨率也称为垂直分辨率，是指扫描仪带动感光组件进行扫描的步进电机每英寸移动的步数。比如说扫描仪的分辨率参数是 600×1200 dpi，600 dpi 表示光学分辨率，1200 dpi

表示机械分辨率。通常用扫描仪的光学分辨率和机械分辨率表示扫描仪的扫描精度：

扫描仪的扫描精度＝光学分辨率×机械分辨率

差值分辨率是用数学方法在真实的扫描点上插入一些点得到的分辨率，所以并不是真实的点，画面的清晰度虽然提高了，但在细节上跟原来的图像还是有些差别。扫描仪的其他技术指标还有灰度级、色彩精度、扫描速度等。

（2）扫描一张图片

用扫描仪扫描一张图像的方法如下：

①首先将扫描仪与电脑连接，并安装好驱动程序。

②再选择一款图像处理软件作为扫描仪图像传输的软件平台。

③将图片放在扫描仪的玻璃平台上，需要扫描的面向下，图片的边缘尽量与扫描器的对齐标记对齐。

盖上压板，单击"预览"按钮。这时，预览图像就会在图像处理软件的界面中出现。这个按钮的功能是可以模拟扫描一遍，让使用者看到图片在扫描仪中的位置和效果，以便调整图像的位置和颜色设置。

④预扫完成后，按照平台中图片的位置，使用操作界面编辑图标，移动和缩放扫描区的虚线框使其与要扫描的图像部分边缘相切，适当设置分辨率和扫描图像类型，如果对扫描的色彩不满意，可以单击"控制"按钮在其设置中进行调整。

⑤设置完成后，单击"扫描"按钮进行扫描，扫描完成后的图像就出现在图像处理软件的界面中，最后选择文件名和保存类型将其保存到硬盘上即可。

（3）扫描的注意事项

保持图像和扫描仪的清洁很重要，尤其是平台式扫描仪的玻璃板，容易沾上灰尘或手印。扫描仪要放在平整的桌面上，且不要用重物挤压。

2．捕捉屏幕图像

捕捉屏幕图像也是常用到的一种图像获取方式，尤其在制作关于计算机方面的多媒体课件时，几乎都要用到。捕捉屏幕图像常用的捕捉方式有键盘捕捉和软件捕捉。

（1）键盘捕捉

点击键盘上的 Print Screen 键，就可以把当前桌面上的图像捕捉下来，接着打开 Windows 系统自带的"画图"，再使用 Ctrl＋V 就可以将捕捉到的图像粘贴到这个图像处理软件中，然后就可以对这幅图像进行编辑处理了。如果点击键盘上的 Alt＋Print Screen 键，就可以把当前活动窗口捕捉下来，但视频图像不能用这个方法捕捉。

（2）软件捕捉

软件捕捉可以更加精确和随意的捕捉屏幕图像，功能比键盘捕捉方式强大许多。捕捉屏幕图像的软件很多，例如红蜻蜓抓图精灵，它使用方便，功能强大，可以直接抓取屏幕上的某一块区域。图 5-3 是红蜻蜓抓图精灵打开时的界面。

用鼠标单击"文件"→"捕捉图像"，或直接按快捷键 Ctrl＋Shift＋C 就可以看到该软件会自动切换到桌面，并给出捕捉图像的两条直线和一个十字形的鼠标，如图 5-4 所示。

多媒体技术与应用

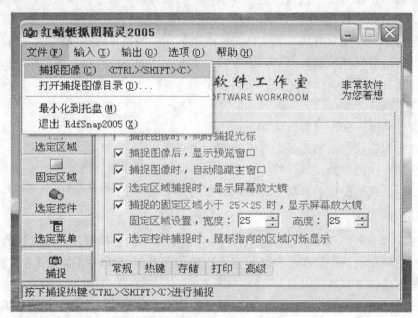

图 5-3　红蜻蜓抓图精灵的工作界面

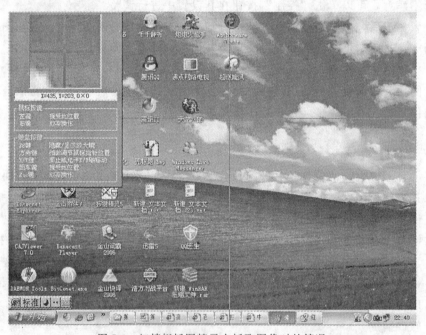

图 5-4　红蜻蜓抓图精灵在抓取图像时的情况

当按下鼠标左键不放，并拖动鼠标到想捕捉的区域后，松开左键，再单击鼠标左键，就表示选中这块区域，同时软件会自动将这块区域的图像直接粘贴到该软件的图像编辑窗口，然后用户就可以对这个图像进行编辑处理了。

在图 5-4 中，可以看到左上角有一块蓝色的区域，这是红蜻蜓抓图精灵在抓取图像时的提示信息。其中可以显示当前的坐标、可以使用的快捷键以及选中区域的大小。如，其中"X=435,Y=203,0×0"表示当前的坐标在(435,203)位置,0×0表示目前鼠标还处于原来的位置,并没有进行选择,当进行选择时,这个值就会发生变化。

3. 数码相机

在获取数字图像的众多方式中,数码相机是目前最为快捷、最为简便易用的方式。它既可以随心所欲地完成照相功能,也可以方便地将照片导入到计算机中,而且不用担心像传统相机那样浪费胶卷。因此,它具有图像捕捉范围广,图像存储、编辑与导入方便等特点。

数码相机主要由光学镜头、取景框、光电耦合组件 CCD、译码器、数据接口和电源等部件组成。它可以将所拍的照片以为图文件的形式存储在磁卡中。在导入计算机过程中,只需要用它自带的数据线将相机与计算机连接起来即可。

4. 使用摄像机捕捉

使用摄像机可以拍摄到动态的视频图像。通过帧捕捉卡,可以利用摄像机实现单帧捕捉,并保存为数字图像。过去使用的摄像机拍摄的图像是模拟信号的,是用磁带存储的。这种方式的图像捕捉要麻烦得多,不仅要通过帧捕捉卡实现单帧捕捉,而且要用转换卡进行模拟信号与数字信号的转换。但是,现在大多开始使用数码摄像机了,其工作原理与方法与数码相机基本是一样的。

5. 从 Internet 上下载

互联网是一个信息资源的宝库。在互联网上,利用搜索引擎可以按照我们的要求搜索到许多有用的图像,这也是图像采集的一个重要手段。

6. 绘图软件

很多图像处理软件都允许用户直接利用软件自带的各种工具来绘制各种各样的图像,并且可以根据需要对图像的类型、大小、颜色等特性进行设置。著名的软件有 CorelDraw、Photoshop 等。

7. 其他途径

除了以上介绍的各种途径外,还可以通过捕捉 VCD 或 DVD 的图像,通过素材光盘或商品图像库来获取想要的图像。例如,柯达公司就专门建立有 Photo CD 素材库,其中的图像内容广泛,质量精美,当然价格也不菲。

5.3.2 图像处理的常用软件

1. Adobe Photoshop

美国 Adobe 公司的图像处理软件无疑是图像处理领域中最出色、最常用的软件之一。它具有强大的图像处理功能,是大多数设计人员和电脑爱好者的首选。Photoshop 在照片修饰、印刷出版、网页图像处理、视频辅助、建筑装饰等各行各业有着广泛的应用。

Photoshop 9.0 除加强了以往的图像处理功能外，更显著的是提高了处理速度，更加巩固了它在设计领域的重要地位。

2. CorelDraw

在计算机图形绘制排版软件中，CorelDraw 应是首选产品，它是绘制矢量图的高手，功能强大且应用广泛，几乎涵盖了所有的计算机图形应用，在制作报版、宣传画册、广告、绘制图标、商标等计算机图形设计领域占有重要地位。

3. Painter

Painter 是 Meta Creations 公司进军二维图形软件市场的主力军，具备其他图形软件没有的功能，它包含各种各样的画笔，具有强大的多种风格的绘画功能。由于具备了新颖的绘图功能，使得 Painter 5.0 一经推出就引起了很强的反响，在 1999 年底，Meta Creations 公司又推出了 Painter 6.0，绘图功能又比前一版本增强了许多，如新增了许多画笔，增强了图层支持功能，改进了文本处理功能等。

4. Adobe Illustrator

Adobe Illustrator 是真正在出版业上使用的标准矢量图绘制工具，由于早先作为苹果机上的专业绘图软件，一直没有广泛流行，直到 7.0 PC 版的推出，才被国内用户注意。该软件为创作图像提供了无与伦比的精度和控制，适合任何小型设计或大型复杂项目的设计，常用于各种专业的矢量图设计。

5. PhotoImpact

秉承 Ulead 公司一贯的风格，Ulead PhotoImpact 具有界面友好、操作简单实用等特点，当然它在图像处理和网页制作方面的能力也相当卓越，其中提供了大量的模板和组件，可以轻松地设计出相当专业的图像，适合非专业的多媒体设计者。

6. 彩影 2006

彩影是国内一款优秀而实用的图像处理软件，不需要专业的图像技能即可轻松体验数码图像处理的无穷乐趣。

7. MTV 电子相册

MTV 电子相册是一款优秀的数码相册制作软件。它能将数码照片转成 VCD/SVCD/DVD 碟机所支持的格式，功能实用强大，又简单易用，是家庭制作 VCD/DVD 电子相册的最佳选择。可以将所拍摄的数码照片，配上喜爱的背景音乐、卡拉 OK 歌词字幕、背景图片、片头、片尾和转换特效，刻成光盘，然后就可以像播放 MTV 一样在电视上播放自己导演的 MTV。

8. Recomposit

图像合成最困难和最费时的操作是抠图。Recomposit 就是针对轻松换背景这一应用瓶颈而开发的。软件提供单色幕（蓝幕）法和内外轮廓法两种高级自动/半自动抠图办法，在技术手段的帮助下，不但普通用户通过快速训练即可学习和掌握图像合成技术，而且抠图速度和质量都大大提高。软件不但可以处理普通物体轮廓，还支持半透明轮廓和阴影的抠图，特别是复杂的毛发边缘抠图。同时，软件提供了图像合成所需的完整环境，无需其他昂贵软件平台即可独立运行。

9. 大头贴制作系统

大头贴制作系统是本着简易操作的宗旨开发的一套制作贴纸相的软件，用户只要简单地点一下鼠标就可以轻松制作出贴纸照片来。此软件不但能够打印出标准的大头贴，而且还支持将大头贴照片输出到屏幕保护程序以及将大头贴保存到硬盘，让用户每时每刻都能看到自己亲手制作的大头贴。

10. 素描速写大师

"素描速写大师"软件是能够把照片转化成素描速写作品的软件，简单易用，把照片处理成足以乱真的速写作品只要 1 分钟，也可以作为学习速写写生的辅助软件。

11. 图片变形软件 Zeallsoft Fun Morph

Zeallsoft Fun Morph 是一款有趣且简单易用的图片变形软件，可将人脸转换为猫、猪或者其他可笑的东西，可将转换的动画保存为所有常见的格式，包括 AVI 视频、网页、E-mail、贺卡、GIF 动画、图片序列等。

5.4 图像的编辑

常见的图形创作工具软件中，Photoshop 是公认的最优秀的专业图像编辑软件之一。而 CorelDraw、Illustrator 等软件主要用于绘制矢量图形等。Photoshop 是美国 Adobe 公司开发的用于制作和处理静态图像的一款功能强大的软件。其使用非常方便，既可用来处理已有的图像素材，也可以创建图像。现在市场上关于 Photoshop 的书籍非常多。下面对 Photoshop 7.0 进行简单的介绍，并以对图像的艺术化处理为例简要介绍 Photoshop 的功能与操作。

5.4.1 图像处理软件 Photoshop 界面

Photoshop 7.0 是一款功能十分强大的图像处理软件。

Photoshop 7.0 的工作界面如图 5-5 所示。该软件安装后，默认有以下七个方面的面板内容。面板是否在界面上显示，取决于在菜单栏的窗口中是否选中该面板。

(1) 工具箱：包含画图工具、选择工具、裁剪工具、前景色背景色选择工具、视图工具等。

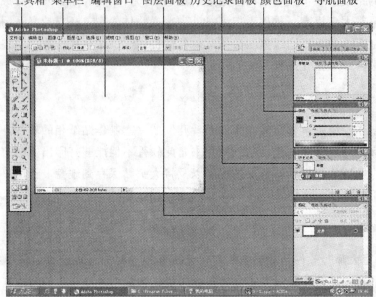

图 5-5 Photoshop 界面

（2）菜单栏：包含文件操作、图像调整、图存操作、选区操作、滤镜操作、视图操作、窗口显示等。

（3）编辑窗口：目前正在处理的图像或暂时挂起的文件。

（4）图层面板：包含图层面板、通道面板和路径面板三个窗口。

（5）历史面板：包含历史面板和动作面板两个窗口。

（6）颜色面板：包含颜色面板、色板和样式面板三个窗口。

（7）导航面板：包含导航器、信息和直方图三个面板。

5.4.2 Photoshop 工具箱

Photoshop 的每个工具都有许多奇妙的功能。图 5-6 是 Photoshop 工具箱的示意图及每个工具的名称。将光标移至工具箱中某个工具上时，Photoshop 就会显示缺省工具的名称和选用该工具的快捷键名。从图 5-6 可以看出，有些工具的右下角有一个小三角符号，这表示在该工具位置上存在一个工具组，其中包括若干个相关工具。同样，只要将鼠标在该工具上停留一会儿，就可以出现隐藏的工具面板。

Photoshop 工具箱中列出了 22 个（组）工具，这些工具可以用来选择、绘画、编辑以及查看图像。在对图像进行编辑时，拖动工具箱的标题栏就可以移动工具箱。下面对这些工具的功能作简要介绍。

由于 Photoshop 中的工具众多，功能强大，为便于记忆和使用，我们将其分为选择工具类、移动显示类、编辑工具类、文字工具类、颜色及填充类、画笔类、路径工具及形状类等七大类。

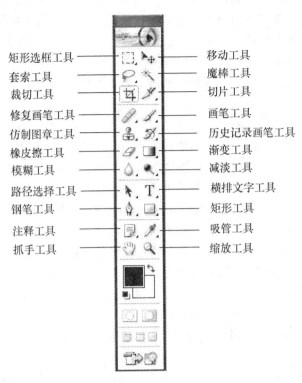

图 5-6　Photoshop 的工具箱

1. 选择工具类

（1）选框工具

选框工具中包含了四个工具。鼠标点击右下角的黑色三角块就会出现图 5-7 所示的四个具体工具，然后再根据需要选择其中的一个即可。

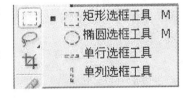

图 5-7　选框工具的四个具体工具

- 矩形选框工具，可以对图像选一个矩形的选择范围，即建立一个矩形选区。
- 椭圆选择工具，可以对图像建立一个椭圆选区。
- 单行/单列选择工具，可以对图像在水平/垂直方向选择 1 个像素宽的行或列。

（2）套索工具

使用工具箱中的套索类工具，可以选择各种不规则形状的区域。这类工具主要有以下三种：

- 套索工具：用于选择无规则、外形复杂、边缘较圆滑的图形。使用套索工具选取图像时，在图像中按下鼠标左键，然后拖动鼠标在图像上进行选择，当要选择的区域被圈定后再松开鼠标的左键，这时，系统将自动连接开始点和结束点，并形成选区。

- 多边形套索工具：以自由手控的方式选择极其不规则的多边形，因此一般用于选取一些外形复杂但棱角分明、边缘呈直线的图形。使用多边形套索工具选取区域时，每按一下左键就产生一个定位点，放开左键拖动鼠标则有连线随着变化，继续单击确定新的定位点，直到鼠标移动至结束点上，双击鼠标左键或按 Enter 键，这样系统将自动连接开始点和结束点，并形成选区。在选取过程中，若要删除某些线段，按 Delete 键即可。
- 磁性套索工具：顾名思义，这个工具可以像磁铁一样自动吸住用户想选择的区域。使用这个工具时，用户只要在图像中起点处单击，不需按住鼠标左键不放而直接移动鼠标，松开鼠标，沿着要选取的物体边缘拖动，它会自动跟踪并自动设置定位点。用户也可以在适当的地方单击设置定位点，然后在结束点上双击。在拖动鼠标的过程中，磁性套索工具头处会出现自动跟踪的线，这条线总是走向颜色与颜色边界处，边界越明显磁力越强。这个工具适合用于具有明显边缘的不规则图像选区。由于磁性套索工具是通过探测所选图形与背景的反差来选取并自动设定位点的，因此，所选图形与背景的反差越大，选取的精确度越高。

选择不规则的图形时，常需要将套索、多边形套索和磁性套索工具组合起来使用。例如，用套索工具选取，由于是按住鼠标一次性画出选区，因此碰到棱角分明、边缘呈直线的图形，就很难精确选取。这时，就需要转换成多边形套索工具。

（3）魔棒工具

魔棒工具的作用是用来选取图片中颜色相近的地方。在工具箱中选取魔棒工具后，当单击图像中的某点时，该点附近与其颜色相同或相近的点都成为选区。如人物照片中背景是一片蓝颜色（或相近颜色），只需要用左键点中魔棒工具，然后再用魔棒在背景中的蓝颜色部分点击鼠标左键，人物身后的蓝色区域就都被选择出来了。在屏幕右上角上容差值处调整容差度，数值越大，表示魔棒所选择的颜色差别大，反之，颜色差别小。注意：魔棒工具不能应用在位图模式的图像上。

图 5-8 是魔棒工具的选项信息图。

图 5-8　魔棒工具的选项信息

- 容差：用于控制色彩的范围，可以设置 0~255 的值（默认值为 32），低值可选与单击的像素非常相似的颜色，高值可选择更大的颜色范围。
- 用于所有图层：这是一个复选框，选中后再使用魔棒工具进行选取时，所有可见层中的凡是在颜色容许范围内的区域都将溶入选择区域中，否则，魔棒工具只会从现有的图层中选择颜色。
- 连续的：若复选框选中，则选区是连续的，否则，则可以选中图像中任意一处颜色与鼠标单击颜色在容差范围内的所有像素。

（4）裁切工具

可以在图像中裁切出任意大小的矩形，裁切选择后一般会出现八个节点框，通过对这些节点的操作可以进行缩放操作。用鼠标对着框外可以对选择框进行旋转，用鼠标对着选择框双击或按回车键就可以结束裁切。

2. 移动显示类

（1）移动工具

移动工具可以将选区或图层移动到图像中的新位置。单击移动工具后，在菜单栏的下方会出现移动工具的信息板，如图 5-9 所示。

图 5-9　移动工具的信息板

使用者可以利用信息板右边的选项在图像内对齐选区和图层并分布图层。信息板中间是移动工具的两个可选项：

- 自动选择图层：选择在移动工具下（而非选中的图层下）有像素的最顶层的图层。
- 显示定界框：在选中项目的周围显示定界框。

（2）抓手工具

如果在文档窗口内无法看到整个图像，使用抓手工具可以在窗口内导航以便看到图像的其他区域。在 Photoshop 中，还可以使用导航器面板快速更改图像的视图。

（3）缩放工具

缩放工具主要用来放大或缩小图像。选择缩放工具，指针会变为放大镜图标，中心有一个加号。点按要放大的区域，每点按一次，图像便放大至下一个预设百分比，并以点按的点为中心显示。当图像达到最大放大级别 1600％ 时，放大镜图标中的加号将消失。按住 Alt 键就可以启动缩小工具，这时指针会变为放大镜图标，中心有一个减号。点按要缩小的图像区域的中心。每点按一次，视图便缩小到上一个预设百分比。

3. 编辑工具类

（1）图章工具

图章工具包括仿制图章工具和图案图章工具两类。

①仿制图章工具，用于复制图像上的画面，就像复印机一样，即将图像中一个地方的像素原样搬到另外一个地方，使两个地方的内容一致。使用仿制图章工具时要先定义采样点，也就是先在图像中取样（不使用前景色或背景色），然后再将取样复制到其他图像或同一图像的不同部位。在修改图像时，仿制图章工具的作用很大。实践中，它经常被用来修补图像中的破损之处。方法就是用周围临近的像素来填充。

它的操作步骤如下：

- 首先进行采样：按下 Alt 键，同时将仿制图章工具指向要复制的图像区域，单击鼠标左键后，松开 Alt 键。
- 将鼠标移动到要复制图像的目标区域。

- 在目标区域中，按下鼠标，并拖动鼠标进行复制。

在复制时以"+"光标为准，"+"光标指在什么地方就复制什么地方的画面，但是复制的起始位置则是所选择的复制标准处。

注意：如果要从一幅图像中取样并应用到另一图像，则这两幅图像的颜色模式必须相同。

图章工具的选项栏主要有以下选项，如图 5-10 所示。

图 5-10 图章工具选项栏

- 对齐的：选择该选项，在复制过程中不管松开鼠标多少次，再按下仍然接着上一次未完成的地方，复制一幅完整画面。取消该选项，复制多个不完整画面，在复制过程中每松开一次鼠标，再按下去时又开始一个新的起点。
- 流量：该值低，复制高亮像素略变暗。
- 用于所有图层：未选中，以当前图层上的图像为准进行复制；选中后，以源图像的当前效果为准进行复制。
- 喷枪：选中后，复制高亮像素略变暗。
- 画笔：在这个选项中，可以选择画笔的种类和大小。

②图案图章工具也是用于复制图像的，但与仿制图章工具的作用有区别，该工具在图像上擦抹时，复制的是事先定义好的图案。它的前提是要先用矩形选择一范围，再在"编辑"菜单中点取"定义图案"命令，然后再选合适的笔头，最后在图像中进行复制图案。

注意：图案大小是定义时确定的，且只能是矩形。

（2）历史记录画笔工具

其主要作用是恢复最近打开或保存的图像的原始面貌。如果对打开的图像操作后没有保存，使用该工具可以恢复这幅图像原来打开时的面貌；如果对图像保存后再继续操作，使用该工具则会恢复保存后的面貌。主要包括历史记录画笔工具和艺术历史艺术画笔工具。

（3）橡皮擦工具

其作用如同实际的橡皮擦一样，用于擦除图像中不需要的像素，主要包括以下三种工具：

- 橡皮擦工具：其作用如同实际的橡皮擦一样，用于擦除图像中不需要的像素。如果对背景层进行擦除，则背景色是什么色擦出来的就是什么色；如果对背景层以上的图层进行擦除，则会将这层颜色擦除，显示出下一层的颜色。
- 背景色橡皮擦工具：可将选定区域擦除成透明效果，该工具可实现精确擦除。如果当前图层是背景图层，使用该工具会自动将其转换成普通层。
- 魔术橡皮擦工具：与魔术棒有类似之处，擦除在容差范围内的颜色。

（4）切片工具

切片工具集包含切片工具和切片选取工具。

切片在网页中是很常用的一种图片处理技术。在上网时，常常能看到一幅大的图片被分块显示出来，其实这就是切片的一个典型应用。切片的应用主要是适应网上数据传输的特点，因为大型图片在网络传输时经常会造成网页的时间延迟，所以，可以用切片工具制作网页图像，以减少用户等待的时间。

切片工具用于切割图像；切片选取工具用于编辑和保存切片。

（5）修复画笔工具

修复画笔工具可用于校正瑕疵，使它们消失在周围的图像中。与仿制工具一样，使用修复画笔工具可以利用图像或图案中的样本像素来绘画。但是，修复画笔工具还可将样本像素的纹理、光照和阴影与源像素进行匹配，从而使修复后的像素不留痕迹地融入图像的其余部分。

图 5-11 就是一幅图像在应用修复画笔工具前后的效果。

图 5-11　应用修复画笔工具前后的效果

（6）模糊工具

Photoshop 在此工具箱中提供了模糊、锐化和涂抹等三种工具。

其中，模糊工具和锐化工具组成了聚焦工具。也就是说，这类工具的效果类似于用照相机进行摄影，如果焦距定得不准，图像就会模糊；如果定准了，图像就会很清晰。

①模糊工具，可柔化图像中的硬边缘或区域，以减少细节。它对图像局部进行柔和处理，减少图像之间的对比，使清晰的图像模糊。例如，去除脸部皱纹。当然这还需要选择一个合适的画笔，画笔越大模糊的范围越大。

②锐化工具，可聚焦软边缘，以提高清晰度或聚焦程度。其作用与模糊工具相反。使用锐化工具时，笔刷大小对效果有很大影响。背景范围越大，锐化强度就越小。

注意：● 使用这两个工具时，可按 Alt 键来切换它们。

● 用锐化工具也只能使图像的清晰度略有增加。过分锐化则会出现像素分离现象。因为它是对图像进行清晰化，但清晰是在作用的范围内全部像素清晰化，如果作用太厉害，图像中每一种组成颜色都显示出来，就会出现花花绿绿的颜色。

③涂抹工具，它模拟在未干的图画上用手指涂抹的效果，即搅混图画上的颜料。该工具以鼠标开始位置的颜色，然后沿鼠标拖动方向扩张。这个工具一般用在颜色与颜色之间边界生硬或颜色与颜色之间衔接不好的地方，有时也会用在修复图像的操作中。

（7）减淡工具

Photoshop 在此工具箱中提供了减淡、加深和海绵等三种工具。

减淡工具和加深工具组成了色调工具。减淡或加深工具采用了用于调节照片特定区域的曝光度的传统摄影技术,可用于使图像区域变亮或变暗。摄影师减弱光线以使照片中的某个区域变亮(减淡),或增加曝光度使照片中的区域变暗(加深)。

减淡工具:也称为加亮工具,主要是对图像进行加光处理以达到对图像的颜色进行减淡。

加深工具:也称为减暗工具,与减淡工具的作用相反,主要是对图像进行变暗处理以达到对图像的颜色加深的效果。

海绵工具:海绵工具可精确地更改区域的色彩饱和度。在灰度模式下,该工具通过使灰阶远离或靠近中间灰色来增加或降低对比度。它可以对图像的颜色进行加色或减色,实际上也是加强或减少颜色对比度。

减淡和加深工具的选项栏是一样的:

其中,"范围"框中有三个选项,如图 5-12 所示。

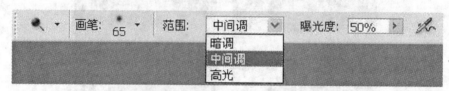

图 5-12 减淡和加深工具的范围选项

- 暗调:更改图像的暗色部分。
- 中间调:只更改图像中灰色的中间范围。
- 高光:只更改亮的像素。
- 曝光范围:范围 1%~100%,控制加亮或变暗的速度。

海绵工具的选项栏如图 5-13 所示。

图 5-13 海绵工具的选项栏

"模式"框中,有两项选择:

- 去色:降低颜色的饱和度。
- 加色:加强色彩的饱和度。

流量:范围为 1%~100%,值越高,效果越明显。

4. 文字工具类

(1) 文字工具

文字工具的作用就是在图像中对文字进行修饰等处理。其中包括了横排文字工具、直排文字工具、横排文字蒙版工具、直排文字蒙版工具。

(2) 注释工具

其作用就是对文件进行解释。如果想让注释永久性地保留下来，在保存文件时，文件的格式应当为.psd格式。

5．颜色及填充类

（1）渐变工具

这是一个常用的工具。Photoshop提供了多种渐变的设定。

渐变工具的作用是产生逐渐变化的色彩，在设计中经常使用到色彩渐变，而这也是进行网页设计时必须使用的。色彩渐变可以通过渐变工具来实现，也可以在图层样式中使用，后者使用的机会更多一些。

在图像中拖移鼠标可以用渐变填充区域，起点（按下鼠标处）和终点（松开鼠标处）的位置会影响渐变外观，具体取决于所使用的渐变工具。

应用渐变填充的过程如下：

①如果要填充图像的一部分，则选择要填充的区域。否则，渐变填充将应用于整个现用图层。

②选择渐变工具▇。

③在选项栏中选取渐变填充：

- 点击渐变样本旁边的三角形以挑选预设渐变填充。
- 在渐变样本内点击以查看"渐变编辑器"。选择预设渐变填充，或创建新的渐变填充。然后点击"好"按钮。

④在选项栏中选择应用渐变填充的选项：

- "线性渐变"▇以直线从起点渐变到终点。
- "径向渐变"▇以圆形图案从起点渐变到终点。
- "角度渐变"▇以逆时针扫过的方式围绕起点渐变。
- "对称渐变"▇使用对称线性渐变在起点的两侧渐变。
- "菱形渐变"▇以菱形图案从起点向外渐变。终点定义菱形的一个角。

⑤在选项栏中执行下列操作：

- 指定绘画的混合模式和不透明度。
- 要反转渐变填充中的颜色顺序，选择"反向"。
- 要用较小的带宽创建较平滑的混合，选择"仿色"。
- 要对渐变填充使用透明区域蒙版，选择"透明区域"。

⑥将指针定位在图像中要设置为渐变起点的位置，然后拖移指针到终点。要将线条角度限定为45°的倍数，可按住Shift键进行拖动。

（2）油漆桶工具

其主要作用是填充颜色，填充的颜色和魔棒工具的填充色相似，只是它将前景色填充成一种颜色，其填充的程度由右上角的选项的"容差"值决定，值越大，填充的范围越大。但利用油漆桶工具进行区域填充时，用户只能应用前景色或图案，而不能应用背景色等。

（3）吸管工具

- 吸管工具：主要用来吸取图像中某一种颜色，并将其变为前景色，一般用于要用相同颜色而在色板上又难以找到相同颜色的时候，此时宜用该工具。用鼠标对着该颜色单击一下即可吸取该颜色。
- 颜色取样器工具：该工具主要用于将图像的颜色组成进行对比，它只可以取出四个样点，每一个样点的颜色组成（如 RGB 或 CMYK 等）都在右上角的选项栏上显示出来，一般用于印刷。
- 量度工具：主要对图像进行长度、角度的量度。在图像中某点处单击鼠标左键，并按住不放，拖动到另一点形成一条直线，松开左键，则在右上角的选项中会显示出该直线的长度和角度。

6. 画笔类工具

Photoshop 提供了画笔、铅笔等绘画工具。画笔和铅笔工具都用于绘制线条，但是绘画的最基本单位是圆点，因为点可组成线，点、线可组成面。

（1）画笔工具：相当于使用柔软的毛笔进行绘画，产生柔和的彩色线条，在压力相同条件下，绘制的线条比喷枪略淡。如果在工具属性栏上选中"湿边"复选框，还可画出水彩效果。

（2）铅笔工具：它模拟铅笔进行绘画，一般绘制硬边线条。

7. 路径工具及形状类工具

编辑路径必须使用工具箱中的路径编辑工具，这些工具主要汇集在工具箱的钢笔工具组、形状工具组和选取工具组中。

无论使用哪个形状工具绘制路径或形状，在默认设置下，绘制出的路径都会自动填充为前景色，即在路径之内的区域填充前景色，而在路径之外的区域显示为透明。

（1）路径选择工具

路径工具的作用主要有：在路径中填充色彩；将路径转为选择区域；使着色工具沿着路径画线。选取工具组由路径选择工具和直接选择工具组成，这两个工具的作用如下：
- 路径选择工具：只能够选中整条路径及移动路径，不能选中路径中的某一段或某一个锚点；
- 直接选择工具：可选中其自身所框住的所有的锚点，利用它可以对路径的形状进行更改。

（2）钢笔工具

此工具箱中主要包括五个工具：
- 钢笔工具：可以使用钢笔工具创建或编辑由多个点连接而成的线段或曲线。钢笔工具与形状工具组合使用可以创建复杂的形状。
- 自由钢笔工具：它可自由地绘制线条或曲线。在绘图时，将自动添加锚点，无需确定锚点的位置，完成路径后可进一步对其进行调整。磁性钢笔是自由钢笔工具的选项，它可以绘制与图像中定义区域的边缘对齐的路径。磁性钢笔和磁性套索工具共用着很多相同的选项。
- 添加锚点工具：可以在一条已勾完的路径中增加一个锚点以方便修改，用鼠标在路径的节点与节点之间对着路径单击一下即可。

- 删除锚点工具：可以在一条已勾完的路径中减少一个锚点，用鼠标在路径上的某一节点上单击一下即可。
- 转换点工具：此工具可以使平滑曲线转折点和直线转折点之间相互转换。

（3）矩形工具

其作用就是在图像上绘制相应的图形，如矩形、椭圆、直线等。这个工具集包括了下列绘制矢量图形的工具：

- 矩形工具：绘制矩形路径或形状。
- 圆角矩形工具：绘制圆角矩形路径或形状。
- 椭圆工具：绘制椭圆形路径或形状。
- 多边形工具：绘制多边形路径或形状。
- 直线工具：绘制直线路径或形状。
- 自由形状工具：绘制各种形状的路径或形状。

5.4.3 实例

下面以对图像的艺术化处理为例简要介绍 Photoshop 7 的功能与操作。

（1）首先使用 Photoshop 7 中的"文件"菜单将要编辑的图像或照片打开。原始图像如图 5-14 所示。用鼠标右键单击 Photoshop 窗口右下角的图层面板中的背景，然后在弹出的菜单中选择"复制图层..."，将背景复制为 3 个背景副本，如图 5-15 所示。

图 5-14 要处理的原始图像

（2）用鼠标选中背景副本，然后再选择菜单栏中的"图像"→"调整"→"去色"，接着选择"图层"→"新调整图层"→"亮度/对比度..."，在弹出的对话框中选择"确定"，

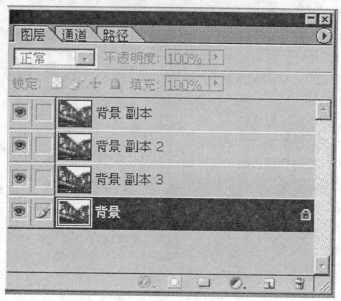

图 5-15　将背景复制副本后的图层面板

这时就会出现"亮度对比度"的设置对话框。设置的参数及效果如图 5-16 所示。

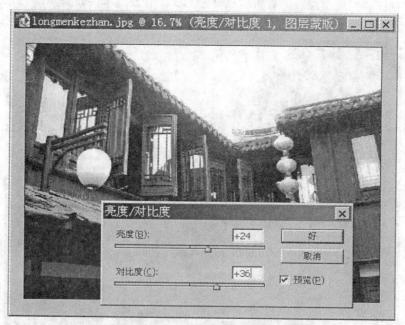

图 5-16　去色后设置亮度/对比度

（3）用鼠标选择背景副本 2，接着选择菜单"图像"→"调整"→"变化"，在弹出的变化对话框中，选择"加深黄色"，确定即可。

（4）再用鼠标选中背景副本，然后在右下角的"图层面板"中，在图层标签下方的下拉菜单中选择"亮度",即将图层模式改为"亮度"。

（5）再次选中背景副本 2,用（4）中描述的方法将其图层模式改为"叠加"。这时,图像的效果就发生了变化,如图 5-17 所示。

图 5-17　"叠加"后的图像效果

（6）再次选中背景副本,然后使用 Photoshop 工具栏中的"魔术棒"点击图像的空白处,这时魔术棒会将图像上方的屋檐等边界选中,呈现虚线表示。接着用鼠标选择菜单中的"选择"→"羽化",并在弹出的对话框中将羽化半径设置为 10 像素,如图 5-18 所示。

图 5-18　设置羽化半径

（7）选择"图层"→"新填充图层"→"渐变",在弹出的对话框中选择确定,则渐变填充的设置对话框就会弹出，具体设置及其效果如图 5-19 所示。

图 5-19　渐变填充的设置

（8）单击"好"按钮之后，这幅图像的艺术化处理就基本完成了。最后的效果如图 5-20 所示。

图 5-20　艺术化处理后的图像效果

当然，大家还可以再试试其他一些功能，比如将其中的一些参数修改后看看图像的效果如何等。

第5章 图像的编辑与制作

【本章小结】

图像信息是一种非常重要的多媒体信息,有关图像处理的软件和实用工具也层出不穷并不断更新。图像的编辑和制作主要是围绕图像本身所具有的属性,如像素点、分辨率等。本章介绍的图像编辑与制作主要是针对静态图像进行的。在这一章里,重点介绍了图像的基本概念和特性,以及功能强大的图像处理软件——Photoshop 的使用。

习 题 5

一、选择题

1. 在显存中,表示 256 级灰度图像的像素点数据最少需_____位。
   A. 2   B. 4   C. 6   D. 8
2. 有关图像属性的下列说法中,正确的是_____。
   A. 图像分辨率与显示分辨率相同
   B. 像素深度与图像深度是相同的
   C. α通道可以支持在图像上叠加文字,而不把图像完全覆盖掉
   D. 显示器上显示的真彩色图像一定是真彩色
3. 一幅分辨率为 640×480×256 色未压缩图像的数据量最小约为_____K 字节。
   A. 150   B. 200   C. 250   D. 300
4. 位图与矢量图比较,可以看出_____。
   A. 位图比矢量图占用空间更少
   B. 位图与矢量图占用空间相同
   C. 对于复杂图形,位图比矢量图对象更快
   D. 对于复杂图形,位图比矢量图对象更慢
5. 以下不属于多媒体静态图像文件格式的是_____。
   A. GIF   B. MPG   C. BMP   D. PCX
6. _____文件格式能够支持 Photoshop 的全部特征。
   A. JPEG   B. BMP   C. PSD   D. GIF
7. Photoshop 中的橡皮图章工具可准确复制图像的一部分或全部,应按住_____键。
   A. Shift   B. Ctrl   C. Alt   D. Tab
8. 下列选项不属于颜色的三要素的是_____。
   A. 亮度   B. 对比度   C. 色相   D. 饱和度
9. 下列不属于图像处理软件的是_____。
   A. Photoshop   B. 3DS MAX   C. HyperSnap   D. ACDSee
10. 下列不能制作矢量图的软件是_____。
    A. Corel Photopaint B. CorelDraw   C. Illustrator   D. FreeHand

二、简答题
1. 简述矢量图形与位图图像的区别。
2. 获取图像的途径有哪些?
3. 简述数码相机的工作原理及特点。

第 6 章 动画制作软件 Flash MX 2004

Macromedia Flash MX 2004 提供了创建和发布丰富的 Web 内容和强大的应用程序所需的所有功能。不管是设计动画还是构建数据驱动的应用程序,Flash 都提供了创作出色作品的平台以及为使用不同平台和设备的用户提供最佳的工具。Flash 是一个创作工具,从简单的动画到复杂的交互式 Web 应用程序,可以创建任何作品。通过添加图片、声音和视频,可以使 Flash 应用程序媒体丰富多彩。Flash 包含了许多功能,如拖放用户界面组件、将动作脚本添加到文档的内置行为,以及可以添加到对象的特殊效果等。这些功能使 Flash 不仅功能强大,而且易于使用。

6.1 Flash MX 的软件和硬件配置

Macromedia 公司推出的 Flash 2004 软件包括了 Flash MX 2004 和 Flash MX Professional 2004 两个版本。前者是 Web 设计人员和交互式媒体专业开发人员的理想工具,后者针对的对象是高级 Web 设计人员和应用程序开发者。这里主要介绍的是 Flash MX 2004。这两个版本的软件在安装时对系统的软件和硬件的最基本要求如下:

1. 软件要求

Windows 98 SE、Windows 2000 或 Windows XP。

2. 硬件要求

- 128 MB RAM(建议 256 MB)以上。
- 190 MB 以上可用磁盘空间。
- 600 MHz 以上 Intel Pentium III 处理器或同等处理器。

6.2 Flash MX 的基本操作

6.2.1 Flash MX 软件的启动和退出

1. 启动

有以下几种启动方法:
(1) 选择"开始"→"程序"→"Macromedia Flash MX 2004"菜单命令。
(2) 双击桌面上的 Flash 快捷方式图标。

(3) 直接双击一个 Flash 文件。

2. 退出

有以下几种退出方法：

(1) 单击"文件"→"退出"菜单命令，在弹出的对话框中单击"否"按钮退出 Flash MX。

(2) 单击 Flash 主窗口右上角的按钮。

(3) 按"Ctrl+Q"组合键。

6.2.2 Flash MX 软件的界面

Flash MX 窗口分为菜单栏、快捷工具栏、时间窗口、绘图工具栏以及场景舞台区，如图 6-1 所示。

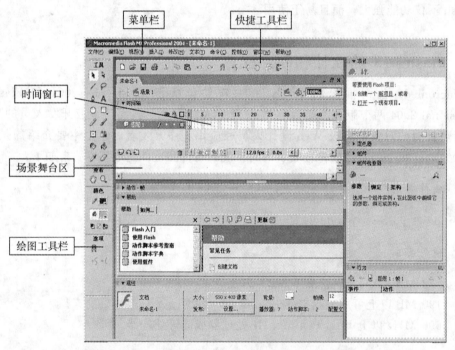

图 6-1 Flash MX 主界面

绘图工具栏可分为绘图工具选取区、视图查看区、颜色拾取区和附属选项区。

时间窗口是动画创作和编辑的基础，时间轴显示影片的每一帧画面。

场景舞台区是用来将各独立的帧合成到影片中，或者直接进行绘图，或者对输入的作品进行处理的地方。

6.2.3 定义文档属性

定义文档属性是各类创作中的第一步，是对整个影片属性的设置，例如每秒帧数、舞台大小和背景色等，如图 6-2 所示。

图 6-2 文档属性设置

图 6-2 中，"大小"按钮用于设置舞台大小，默认值是 550×400 像素。"背景"按钮用于设置舞台的背景，默认颜色为白色。"帧频"的默认值为每秒 12 帧，这是网络上播放动画的最佳帧频。

6.2.4 Flash MX 文件的导入

如果要直接使用或者编辑已有的图片，可以通过导入操作载入所需要的内容，导入的步骤如下：

(1) 单击"文件"菜单中的"导入"命令，打开如图 6-3 所示对话框。

图 6-3 "导入"对话框

(2) 选择所要导入的文件。
(3) 单击"打开"按钮。
如果文件列表中文件名的字符是数字递增的，在选择一个文件后，系统将给出如图 6-4

所示的消息框,单击"是"按钮,此时 Flash MX 会自动增加所需的关键帧,如图 6-5 所示。

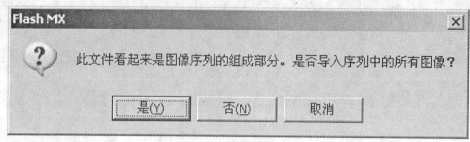

图 6-4 "导入"消息框

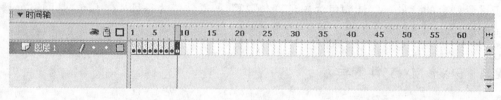

图 6-5 导入效果

6.3 Flash MX 绘图工具的使用

Flash MX 程序界面最左边的是绘图工具栏,其中包括 Flash MX 中的所有绘图工具和箭头工具,如图 6-6 所示。

利用 Flash MX 提供的各种绘图工具,可以方便地绘出想要的图形,并能对它们进行加工和修饰。下面将介绍各种绘图工具的使用方法。

6.3.1 箭头工具

Flash MX 中的箭头工具 可以用来对动画中的元素进行选中、拖动和改变尺寸等操作。主要操作如下:

(1) 选择绘图工具栏中的箭头工具 ,然后用鼠标单击某个对象即可选取它。

(2) 按住鼠标左键不放进行拖动,可移动所选对象。

(3) 如果选取的是矩形框的框线,则可以拖动该框线使其与矩形对象分离。

(4) 用圈选的方法,用左键拖动一个矩形框,矩形框内的部分就是圈选的对象。

(5) 也可以选取不相邻的多个对象,只需按 Shift 键不放,然后用鼠标连续单击对象或者连续圈选对象。

图 6-6 绘图工具栏

（6）箭头工具还有一项特殊功能，就是可以改变对象的造型。将鼠标指针移到对象的边缘，待鼠标指针变形后，按鼠标左键不放拖动，即可改变对象的造型，如图6-7所示。

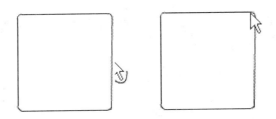

图6-7　箭头变形效果

按钮：单击该按钮，将打开自动捕获特性，即在绘图和移动对象时自动和最近的网格点或对象的中心重合。该功能便于准确定位图形元素。

按钮：在选中一条线段时单击该按钮，能自动平滑该线段。

按钮：在选中一条线段时单击该按钮，能自动对该线段修直，多次点击，直到变为直线为止。

6.3.2 线条工具

直线按钮：可以画任意的直线。

画线的方法：拖动左键。如果在拖动的过程中按住Shift键不放可以画垂直或水平的直线。

改变线条属性的方法：可以先在如图6-8所示的属性面板中先选择"笔触颜色"、"笔触高度"和"笔触样式"，然后画线。也可以画线之后，选定直线，然后来修改其属性，如图6-9所示。

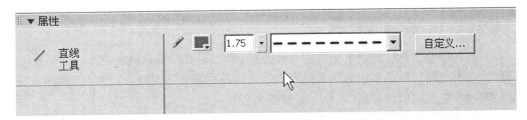

图6-8　直线属性面板之一

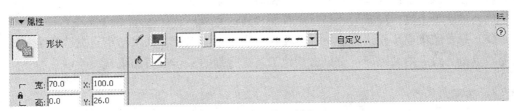

图6-9　直线属性面板之二

6.3.3 套索工具

套索按钮 ⌕：可以用来圈选对象,也可以选取点阵图中的相近色彩。点击套索按钮后出现如图 6-10 所示的附属选项按钮。

图 6-10 套索附属选项面板

1. 圈选对象的步骤

(1) 点击套索按钮 ⌕。
(2) 在舞台图形区画一个任意形状,也可以按 Shift 键进行多个区块选取。
(3) 对选定的对象进行操作。

2. 相近色彩区域的选取方法

在选取之前,必须将点阵图分离,具体步骤如下:
(1) 新建一个文件,然后单击"文件"菜单中的"导入"命令。
(2) 选取要导入的图形文件,然后单击"打开"按钮。
(3) 单击"修改"菜单中的"分离"命令,将点阵图进行分离。
(4) 单击套索工具 ⌕,再单击"魔术棒"按钮 ✦。
(5) 点击图中要选取的部分即可。

6.3.4 钢笔工具

利用钢笔工具按钮 ♙：可以自由地创建和编辑矢量图形。

1. 绘制直线

用钢笔工具绘制直线的步骤如下:
(1) 选择绘图工具栏的钢笔工具 ♙,鼠标指针移动到绘图区时将变形。
(2) 单击"窗口"菜单中的"属性"命令,打开"属性"面板,如图 6-9 所示,分别设置"笔触颜色"、"笔触高度"、和"笔触样式"。
(3) 在想要绘制直线的地方单击鼠标,定义第一个节点。
(4) 移动鼠标单击线段结束的地方,完成第一条直线的绘制。
(5) 连续单击鼠标绘制的就是一个首尾相连的直线框。
(6) 想要结束连续直线的绘制,需要在结束点单击鼠标,如果结束点在已经绘制的直线上,单击直线上的某点即可。单击其他工具进行别的工作也可结束直线绘制。

2. 绘制曲线

绘制曲线的方法和绘制直线的方法类似,有一点不同就是:在定义曲线的一个节点

第 6 章 动画制作软件 Flash MX 2004

时，拖动鼠标，根据拖动的长度和角度，出现不同的曲线，直到得到满意的曲线时，放开鼠标。也可以先绘制直线，然后用箭头工具来改变直线的形状。

3. 调整路径上的节点

绘制直线和曲线是以两个端点为起始点绘制的，如果需要把一条直线或者曲线变成两条，或者合并直线或者曲线，就要调整节点，方法如下：

首先绘制完成曲线或者直线，然后把鼠标移到节点上，待鼠标变形，单击即可。鼠标变形的几种状态代表不同的含义："＋"号代表添加节点，"－"号代表删除节点。

6.3.5 文本工具

文本工具A用于创建和编辑文字对象，方法如下：

（1）单击文本工具A，然后在当前层空白处单击，即可产生一个文本框。

（2）单击"窗口"菜单中的"属性"命令，打开"属性"面板，如图 6-11 所示。

图 6-11 文本属性面板

（3）通过面板可以设置字体、字号、字符间距、字体样式和段落的对齐方式等。

（4）单击"格式"按钮，弹出"格式选项"对话框，可以设置缩进值、行距以及左右边距等，如图 6-12 所示。

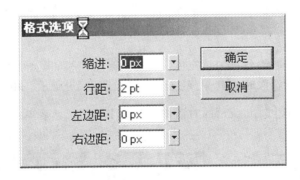

图 6-12 格式选项对话框

6.3.6 椭圆工具

绘图工具栏中的椭圆工具○可以用来绘制椭圆。如果在绘制过程中按住 Shift 键不放，则可以绘制正圆，绘制椭圆的方法如下：

109

(1) 单击绘图工具栏中的椭圆工具 ◯。
(2) 单击"窗口"菜单中的"属性"命令,打开"属性"面板,如图 6-13 所示。

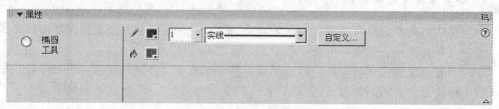

图 6-13　椭圆属性面板

(3) 分别设置"笔触颜色"、"填充色"、"笔触高度"和"笔触样式"。
(4) 将鼠标移到场景中,拖动鼠标,即可完成一个椭圆的绘制。

6.3.7　矩形工具

矩形工具 ▢ 可以用来绘制矩形。如果在绘制过程中按住 Shift 键不放,则可以绘制正方形,绘制矩形的方法如下:

(1) 单击绘图工具栏中的矩形工具 ▢。
(2) 单击"窗口"菜单中的"属性"命令,打开"属性"面板,如图 6-14 所示。

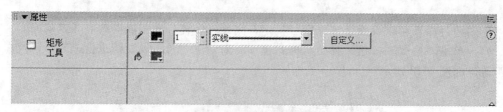

图 6-14　矩形属性面板

(3) 分别提设置"笔触颜色"、"填充色"、"笔触高度"和"笔触样式"。
(4) 当矩形工具被选取时,其附属选项按钮如图 6-15 所示。单击"圆角矩形半径"按钮 ⌐, 可以打开如图 6-16 所示的对话框,输入半径值,然后单击"确定"按钮,完成圆角半径的设置。

　　图 6-15　矩形附属选项

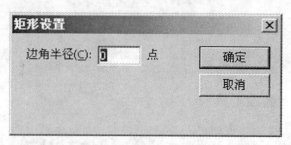
　　图 6-16　圆角矩形半径对话框

（5）将鼠标移到场景中，拖动鼠标，即可完成一个矩形的绘制。

6.3.8 铅笔工具

铅笔工具 用于在制作动画的过程中绘制线条和勾勒轮廓，应用十分广泛。用铅笔工具绘制图形的方法如下：

（1）单击绘图工具栏中的铅笔工具 。

（2）与绘制矩形一样在"属性"面板中进行相关设置，这里不再介绍。

（3）在铅笔工具被选取时，其附属选项按钮如图 6-17 所示。单击"铅笔模式"按钮，弹出如图 6-18 所示的下拉列表，从中选择铅笔的绘图模式：

图 6-17　铅笔工具附属属性　　图 6-18　铅笔模式下拉列表

- 伸直：用于将线条轨迹调整为平直的线条。
- 平滑：用于将线条轨迹调整为平滑。
- 墨水：用于将线条轨迹调整为接近手绘的效果。

（4）将鼠标移到场景中，拖动鼠标，即可完成一条线条的绘制。

6.3.9 画笔工具

画笔工具 用来绘制封闭的、由填充色构成的图形，使用方法如下：

（1）单击绘图工具栏中的画笔工具 。

（2）单击"窗口"菜单中的"属性"命令，打开"属性"面板，如图 6-19 所示。在面板中可以设置填充色。

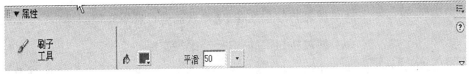

图 6-19　画笔属性面板

（3）在选取画笔工具时，其附属选项按钮如图 6-20 所示。在附属选项中选择"画笔大小"和"画笔形状"。单击"画笔模式"按钮，弹出如图 6-21 所示的下拉列表，选择 5 种绘图模式中的一种。

图 6-20　画笔工具附属属性

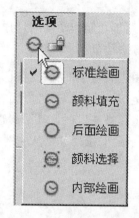

图 6-21　画笔模式下拉列表

- 标准绘图：该模式所绘制的颜色区域所到之处会被覆盖为画笔的颜色。
- 颜料填充：该模式所绘制的颜色区域会影响对象的填充内容，但不会完全覆盖对象的框线。
- 后面绘画：该模式所绘制的颜色区域置于对象的后方，不会影响对象的填充内容。
- 颜料选择：该模式只会影响所选取的区域，如果没有选择任何对象，则不会影响对象的填充内容。
- 内部绘画：该模式会将画笔色彩添入封闭区域中，超出封闭区域的色彩部分则会被自动清除。

（4）将鼠标移到场景中，拖动鼠标，即可完成一个实心区域的绘制。

6.3.10　任意变形工具

利用变形工具 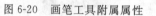，可以对一个图片或对象进行缩放、旋转、倾斜或扭曲等变形处理。使用方法如下：

图 6-22　任意变形工具附属属性

（1）单击任意变形工具。
（2）用鼠标拖拉关键点，对图形进行拉伸。
（3）当任意变形工具被选取时，其附属选项按钮如图 6-22 所示。

- 旋转与倾斜按钮：只能进行旋转和倾斜操作。
- 缩放按钮：进行等比例变形。
- 扭曲按钮：用于任意移动一个关键点，其他部分跟着作相应变化。

- 封套按钮 ：使用贝塞耳曲线对图形进行调整。

6.3.11 填充变形工具

填充变形工具 用于调整"渐变色"的填充角度和范围。使用填充变形工具方法如下：

（1）用渐变色填充图形。
（2）单击填充变形工具按钮 。
（3）单击要填充变形的图形，如图 6-23 所示，该图形周围出现一个椭圆，该椭圆用于控制渐变色的中心位置、宽度、缩放比例和旋转角度的手柄。

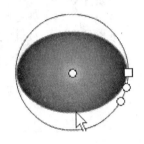

图 6-23 填充变形效果

6.3.12 墨水瓶工具

墨水瓶工具 用于在选定的图形的外轮廓上加上线条，或者改变线条的粗细、颜色以及形状等。使用方法如下：

（1）单击绘图工具栏中的墨水瓶工具 。
（2）单击"窗口"菜单中的"属性"命令，打开"属性"面板，如图 6-24 所示。与绘制矩形方法一样在属性面板中进行相关设置，这里不再介绍。

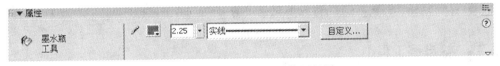

图 6-24 墨水瓶工具属性面板图

（3）将鼠标指针移到图像对象上单击，即可改变对象的框线。

6.3.13 颜料桶工具

颜料桶工具 用于填充未填充颜色的轮廓或改变现有图形的颜色。使用颜料桶工具填充对象的方法如下：

（1）单击绘图工具栏的颜料桶工具 。
（2）单击绘图工具栏上的颜色选项区中的"填充色"按钮，打开如图 6-25 所示的颜色列表，在列表中选择需要的颜色。如果想要其他颜色，可以单击色彩列表右上角的添加颜色按钮 ，打开如图 6-26 所示的颜色对话框，在对话框中选择或者输入需要的颜色。
（3）在颜色列表最下方有一排渐变填充色可供选择。
（4）最后单击想要填充的图形对象，即可得到填充效果。

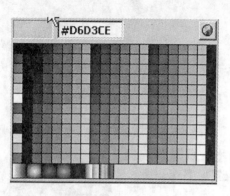

图 6-25 颜色列表

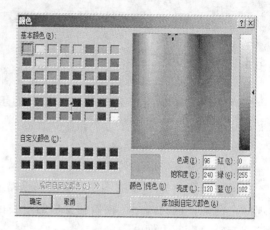

图 6-26 颜色对话框

6.3.14 滴管工具

滴管工具 用于选取线条或填充色块的特征（颜色及线型等），以供其他绘图工具使用。使用方法如下：

（1）单击滴管工具按钮 ，鼠标变为滴管形状。

（2）用滴管单击要选择特征的线或色块（注意鼠标指针的变化），鼠标变化为墨水瓶工具图标样式。

（3）移动鼠标到需要定义线型或填充色块的对象，单击鼠标即可。

6.3.15 橡皮擦工具

橡皮擦工具 用于擦除舞台上的线条和图形。当选取橡皮擦工具时，其附属选项按钮如图 6-27 所示。在附属选项中选择"橡皮擦形状"。单击"橡皮擦模式"按钮，弹出如图 6-28 所示的下拉列表，选择 5 种擦除模式中的一种：

图 6-27 橡皮擦附属属性

图 6-28 橡皮擦模式下拉列表

- 标准擦除：将指针所经过的线条和填充区域全部清除。
- 擦除填色：只清除指针所经过的填充区域。
- 擦除线条：只清除指针所经过的线条区域。
- 擦除所选填充：只清除指针所选取的填充区域。
- 内部擦除：清除起点以内封闭区域的色块，不会清除线条。

6.3.16 实例练习

下面以制作一个打火机为例，说明绘图工具的使用。

绘制打火机的步骤如下：

（1）在工具箱中选择矩形工具，将笔触颜色设置为黑色，填充色设置为白色，绘制一个如图 6-29 所示的矩形。

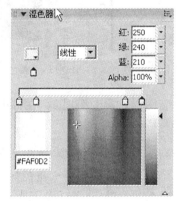

图 6-29 效果图之一　　　图 6-30 混色器面板设置

（2）用箭头工具将矩形内部填充部分选中，显示混色器面板，将混色器面板设置为如图 6-30 所示参数，得到如图 6-31 所示的效果（注意两边为浅棕色，中间为白色）。

（3）创建一个新图层，得到图层 2，在打火机的上方和下方各画一条黑色的直线，如图 6-32 所示。

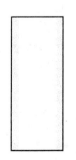
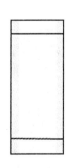
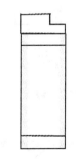

图 6-31 效果图之二　　　图 6-32 效果图之三　　　图 6-33 效果图之四

（4）创建一个新图层，得到图层 3，在打火机的上方用钢笔工具绘制打火机头部效果，如图 6-33 所示。

(5) 用箭头工具将绘制的打火机头部的填充部分选中,混色器面板设置如图 6-34 所示,得到如图 6-35 所示的效果。

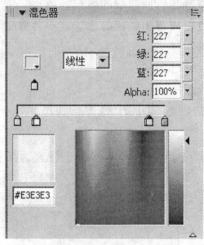

图 6-34　混色器面板设置

(6) 创建一个新图层,得到图层 4,在打火机的头部绘制一个凹槽效果,如图 6-36 所示。

(7) 创建一个新图层,得到图层 5,将此图层移到图层 3 的下方,用矩形工具在打火机头部绘制两个矩形,来模拟打火机的扳手,如图 6-37 所示。

图 6-35　效果图之五　　　　图 6-36　效果图之六　　　　图 6-37　效果图之七

6.4　Flash MX 动画的实现

Flash 动画与平常看的电影和录像一样也是基于帧构成的,也就是通过若干静止画面的连续播放来产生动画效果,这些静止的画面称为帧。通常每一秒的电影至少包含 24 帧或者更多。在绘制动画时,每一帧都绘制是不可能的,所以在 Flash 动画中引入了关键帧的概念。在制作动画时只要绘制出关键帧,两个关键帧之间自动通过插值产生其他帧,从而大大提高动画制作的效率。

有时一个帧中的内容非常复杂,为了减少每一帧中内容的复杂程度,Flash 又引入了图层的概念。把帧中复杂的内容分别绘制到不同的图层,以减少每一帧的复杂程度。Flash 就是这样通过时间轴、帧和图层分别用在纵横结构上以构成动画。

6.4.1 时间轴面板

时间轴是构成 Flash 动画的关键部分。使用 Flash 设计动画时,清楚地了解它十分重要。Flash 的时间轴面板如图 6-38 所示。

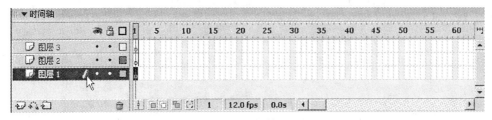

图 6-38 时间轴面板

时间轴面板是以二维方式构成的,水平方向由帧的排列构成,帧速度控制着影片的播放时间。例如默认的帧速度为每秒 12 帧,那么由 48 帧构成的动画播放时间是 4 秒。

时间轴的垂直方向由图层的排列构成,可以把影片的内容分别绘制到不同的图层上,播放时是重叠显示的。

6.4.2 帧

1. 理解和操作帧

创建 Flash 动画主要有两种方法:一种是帧并帧动画;另一种是渐变动画。在帧并帧动画中需要为每一帧创建图像,而在渐变动画中,只需创建开始帧和结束帧,中间的过程自动产生。与渐变动画相比,帧并帧动画增加了大量的关键帧,所以帧并帧动画文件要大得多。

在"时间轴"面板中,每一个图层的首帧,Flash 都会自动将其设置为关键帧,并且新添加的关键帧将继承首帧的所有内容。

要在时间轴上添加关键帧,可以通过下面三种方法实现:

(1) 在"时间轴"面板中要插入关键帧的位置单击,然后单击"插入"菜单中的"插入关键帧"命令。

(2) 在"时间轴"面板中要插入关键帧的位置右键单击,然后在弹出的快捷菜单中单击"插入关键帧"命令。

(3) 在"时间轴"面板中要插入关键帧的位置单击,然后按快捷键 F6。

2. 创建帧并帧动画

帧并帧动画主要应用于创建不规则的动画。它的每一帧都是关键帧,整个动画是通过关键帧的不断变化而产生的,而不是通过 Flash 计算产生。

下面通过一个倒计时动画来熟悉帧并帧动画的创建方法。具体步骤如下:

(1) 单击"文件"菜单中的"新建"命令,创建一个新文件,在新建文档对话框中选择 Flash 文档,如图 6-39 所示,将影片背景设置为黑色。

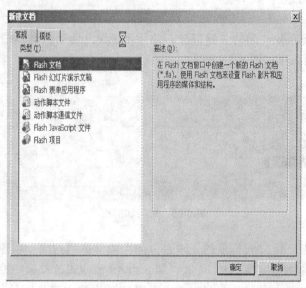

图 6-39 新建文档对话框

(2) 在"时间轴"面板中依次建立 11 个关键帧,如图 6-40 所示。

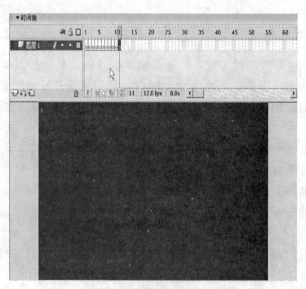

图 6-40 效果图之一

(3) 在工具箱中选择"文本"工具,在第一帧中输入数字"9",在第二帧中输入数字"8",在最后一帧中输入"Start",如图 6-41 所示。

第 6 章　动画制作软件 Flash MX 2004

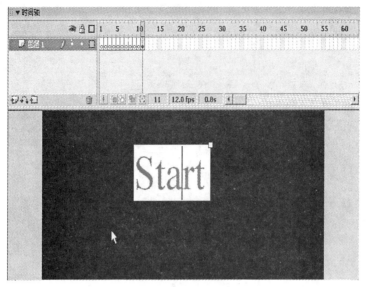

图 6-41　效果图之二

（4）单击"窗口"菜单，选择"设计面板"中的"信息"命令，打开信息面板，如图 6-42 所示，将"X"、"Y"设定为相同的值，对齐方式为中间对齐。

（5）单击"控制"菜单中的"播放"命令进行测试，即完成倒计时动画的制作。

3．创建运动渐变动画和形状渐变动画

在实际工作中，逐张设计是不可能的，通常只绘制关键帧，其他的帧由软件计算得出。Flash 提供了两种计算中间帧的方法，其中一种是运动渐变动画，另一种是形状渐变动画，有时也称为运动动画和变形动画。

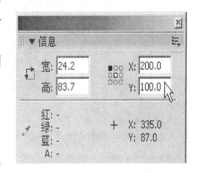

图 6-42　信息面板

● 运动渐变动画

运动渐变动画可以用于实现元素从一个位置移动到另一个位置的动画制作，以及元素的颜色、透明度的改变。

下面以一个实例简单说明绘制的过程，该动画将使一个球体从舞台的一侧平滑地移动到另一侧，具体操作步骤如下：

（1）单击"文件"菜单中的"新建"命令，创建一个新文件。

（2）在工具箱中选择椭圆工具，在舞台的左端边界线外侧绘制一个彩色正球体，如图 6-43 所示。

（3）使用箭头工具选中绘制的正球体，单击"修改"菜单中的"转换成元件"命令，弹出如图 6-44 所示对话框，在对话框中"名称"设置为"ball"，"行为"设置为"图形"。这样就把刚绘制的球体转换成元件。

119

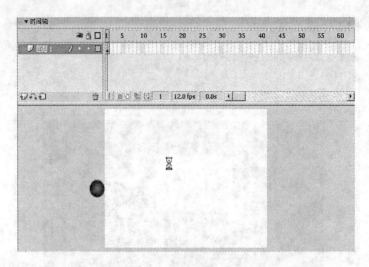

图 6-43　运动动画效果图之一

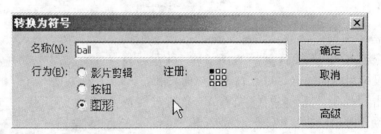

图 6-44　转换为元件对话框

(4) 选中"时间轴"中的第 20 帧，按快捷键 F6 添加一关键帧，将继承来的球体拖动到舞台的右侧，如图 6-45 所示。

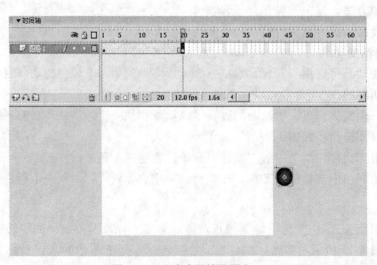

图 6-45　运动动画效果图之二

(5) 在"时间轴"面板中重新选择第一帧,然后在"属性"面板的"补间"下拉列表框中选择"动作"选项,如图 6-46 所示。

图 6-46　运动动画属性面板

(6) 单击"控制"菜单中的"播放"命令进行测试,即完成动画的制作。

● 形状渐变动画

形状渐变动画可以在两个不同颜色、不同形状的对象之间插入帧,所以在制作动画时只需绘制开始帧和结束帧就可以了。

下面由一个简单的例子来说明形状渐变动画的使用,做一个由正圆到正方形的渐变过程,具体步骤如下:

(1) 单击"文件"菜单中的"新建"命令,创建一个新文件。

(2) 在工具箱中选择椭圆工具,在舞台的左端侧绘制一个彩色正球体,如图 6-47 所示。

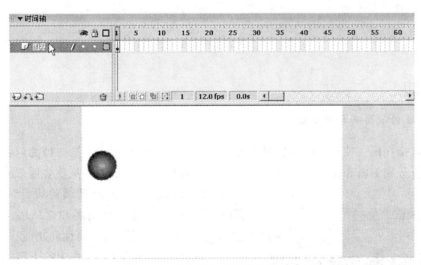

图 6-47　形状渐变动画效果图之一

(3) 选中"时间轴"中的第 20 帧,按快捷键 F6 添加一关键帧,将继承来的球体删除,然后在舞台右边画一个正方体,如图 6-48 所示。

(4) 在"时间轴"面板中重新选择第一帧,然后在"属性"面板的"补间"下拉列表框中选择"形状"选项,如图 6-49 所示。

(5) 单击"控制"菜单中的"播放"命令进行测试,即完成动画的制作。

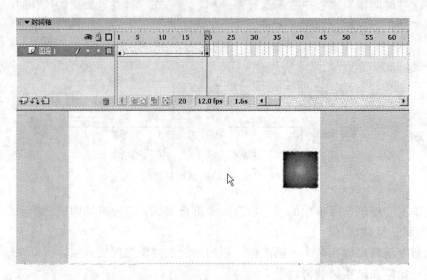

图 6-48　形状渐变动画效果图之二

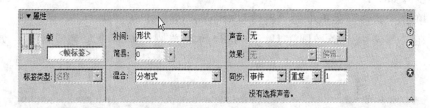

图 6-49　形状渐变动画属性面板

6.4.3　图层

1. 图层的概念和操作图层

图层是指在同一帧画面中内容复杂时,为了便于编辑和操作,把一帧的内容分为几个部分,进行分别编辑和操作,形成几个图层,在播放时这几个图层是重叠播放的。

另外,Flash 为了方便动画的设计,还提供了两种特殊的图层,即运动图层和遮罩层。这两种图层提供了与一般图层不同的属性和功能。

图层的操作按钮见图 6-50 中的下部的动作按钮区,分别为插入新图层、添加运动引导层、插入层文件夹和删除图层。

2. 图层的锁定

当一个图层已经完成了许多工作,而这些内容已经不需要调整时,那么可以将这个图层锁定,以

图 6-50　图层操作按钮

免误操作造成不必要的麻烦。操作的方法是:单击这个图层中按钮 下方的圆点即可。

3. 图层的可见性和图层间对象的互扰

在 Flash 中,所有图层的默认背景颜色是透明色,也就是说上下层的对象不重叠时,上下层中的对象都是可见的。上下层的对象重叠时,下层的重叠部分是不可见的,但是对象内容互不干扰。下面以一个例子来说明图层的干扰效果。

(1) 单击"文件"菜单中的"新建"命令,创建一个新文件。

(2) 在图层 1 中绘制一个椭圆。

(3) 单击"时间轴"下方的 ,添加一个新图层 2。

(4) 在新图层 2 中绘制一个正方形,绘制时让正方形和椭圆有一定的重叠,如图 6-51 所示。

(5) 选中正方形拖动,可以看到椭圆对象没有受到任何影响,如图 6-52 所示。

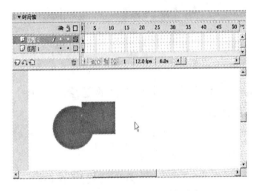
图 6-51 对象的互扰效果图之一

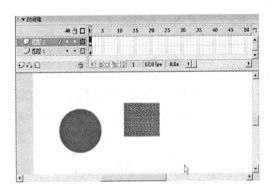
图 6-52 对象的互扰效果图之二

(6) 再在图层中绘制一个矩形,也让矩形和椭圆有一定的重叠,如图 6-53 所示。

(7) 同样选中矩形拖动,椭圆被重叠的部分丢失,如图 6-54 所示。

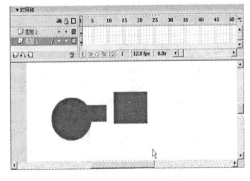
图 6-53 对象的互扰效果图之三

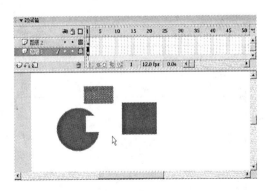
图 6-54 对象的互扰效果图之四

创建图层后,可以通过改变图层的上下次序来改变图层的可见性,上面的图层对象会遮挡住下面图层对象的重叠部分。如图 6-55 所示,在图层 1 中绘制椭圆,在图层 2 中绘制矩形,然后把图层1拖动到图层2的上方,效果如图6-56所示。

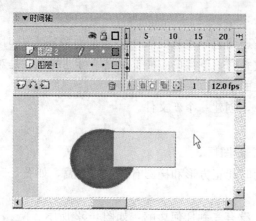

图 6-55 对象的互扰效果图之五

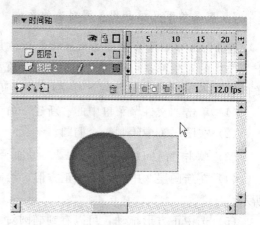

图 6-56 对象的互扰效果图之六

4. 引导层和运动引导层

引导层中绘制的内容完成的是辅助功能,在最后形成的文件中将看不到引导层中的内容,因而引导层也叫辅助层。

这里通过一个实例来介绍以下引导层的功能。在本例中,我们的目的是绘制8个小的圆形,这8个小圆形围绕成一个等距的大圆形,具体操作步骤如下:

(1) 单击"文件"菜单中的"新建"命令,创建一个新文件。

(2) 单击"插入"菜单中的"图层"命令,创建一个新图层2。

(3) 右单击图层2,在快捷菜单中单击"引导层"命令,把图层2转化成引导层。

(4) 在引导层中绘制一个没有填充色的正圆,然后绘制通过圆心的直线(在绘制过程中按 Shift 键),如图6-57所示。

(5) 选定图层1为当前图层,使用圆形工具,绘制一个彩色圆,其他7个圆用复制得到,然后将8个圆拖动到大圆和直线的交点处,如图6-58所示。

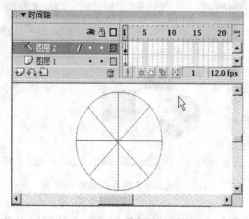

图 6-57 对象的互扰效果图之七

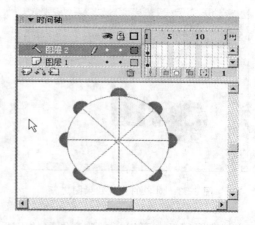

图 6-58 对象的互扰效果图之八

(6) 单击"控制"菜单中的"测试影片"命令,可以看出辅助线不见了。

在 Flash 动画设计过程中,运动引导层的功能是用来绘制物体的运动路径,也就是把路径绘制在运动引导层,在最后的效果中路径是不可见的。下面通过一个完整的实例来说明运动引导层的作用,下面绘制一个上下跳动的小球,具体操作步骤如下:

(1) 单击"文件"菜单中的"新建"命令,创建一个新文件。

(2) 单击"时间轴"面板左下方的创建运动引导层按钮,创建一个运动引导层。

(3) 在新建的运动引导层中用铅笔工具 绘制一条曲线,作为小球的运动路线,如图 6-59 所示。在第 40 帧处插入一普通帧。

(4) 单击"插入"菜单中的"新建元件"命令,在弹出的对话框中输入符号名称"ball",将"行为"项设为"图形",然后绘制一个小球。

(5) 把元件"ball"拖动第一帧轨迹的起点处,在图层 1 的第 40 帧处插入关键帧,将小球拖动到轨迹的终点处,右单击图层 1 的除帧 1 和帧 40 以外的帧,单击创建补间动画命令,如图 6-60 所示。

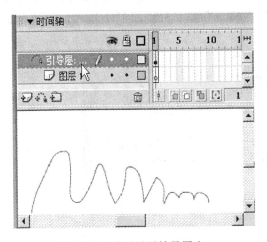

图 6-59 运动引导层效果图之一

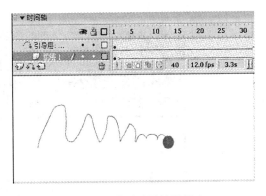

图 6-60 运动引导层效果图之二

(6) 播放动画即可看见所得效果。

6.5 Flash MX 的元件和库

当需在影片中重复使用某些内容时,可以通过创建元件来实现。元件是构成动画的基本元素,可以在其中加入图形、文字、声音和其他元件。每个元件在影片中具有唯一性,并可以重复使用。元件的种类有图形元件、影片剪辑元件和按钮元件 3 种。

6.5.1 图形元件的创建

图形元件是一种简单的 Flash 元件,一般用来制作动态图形、不具有交互性的动画以及与时间线紧密关联的影片。交互性控制和声音不能在图形元件中应用。

创建图形元件有两种方法：第一，可以将当前工作区中的内容选中，然后将其转换为元件；第二，创建一个空白新元件，之后进入元件编辑模式再进行绘制。

6.5.2 影片剪辑元件的创建

影片剪辑元件用于制作独立于主电影时间线的动画，影片剪辑元件就像是主电影中的小电影片段。

下面通过一个实例来说明影片剪辑元件的制作过程，具体操作步骤如下：

(1) 单击"文件"菜单中的"新建"命令，创建一个新文件。

(2) 单击"时间轴"面板左下方的创建运动引导层按钮，创建一个运动引导层。

(3) 在新建的运动引导层中用铅笔工具 绘制一条曲线，作为小球的运动路线，在第 40 帧处插入一普通帧。

(4) 单击"插入"菜单中的"新建元件"命令，在弹出的对话框中输入符号名称"bird"，将"行为"项设为"影片剪辑"，然后在帧 1 和帧 2 分别绘制小鸟飞行的两个状态，如图 6-61 所示。

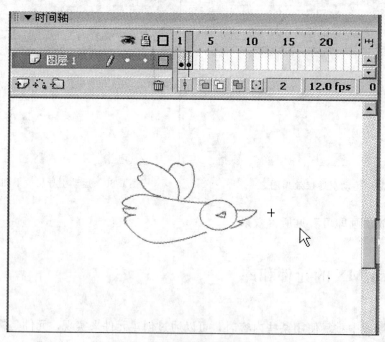

图 6-61　影片编辑元件效果图之一

(5) 把元件"bird"拖动第一帧轨迹的起点处，在图层 1 的第 40 帧处插入关键帧，将小鸟拖动到轨迹的终点处，右单击图层 1 的除帧 1 和帧 40 以外的帧，单击创建补间动画命令，如图 6-62 所示。

(6) 播放测试影片即可看到所得效果。

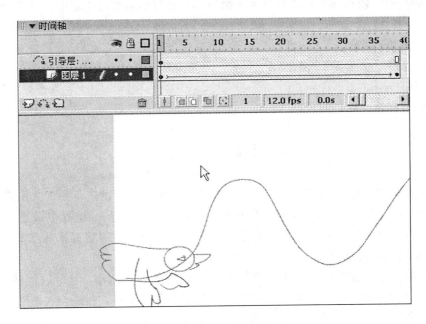

图 6-62 影片编辑元件效果图之二

6.5.3 按钮元件的创建

按钮元件可以在影片中创建交互按钮，响应标准的鼠标事件，如单击、双击或拖动鼠标等操作。在 Flash 中，首先要为按钮分配用于不同状态的外观，如按钮按下时的外观，然后再为按钮的实例分配动作。空白按钮元件的时间轴面板如图 6-63 所示。

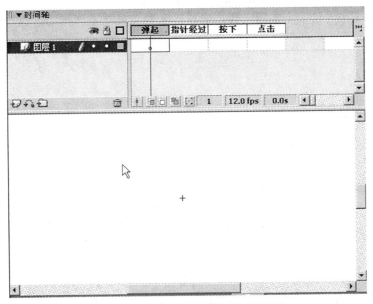

图 6-63 空白按钮元件的时间轴面板

在 Flash 中，按钮有 4 种状态，每种状态都有特定的名称与之对应。这 4 种状态定义如下：

- 按钮弹起状态。
- 鼠标滑过状态。
- 按钮按下状态。
- 单击有效区域。

【本章小结】

Flash 自 1999 年 6 月由美国 Macromedia 公司推出后，就迅速受到广大用户和市场的热捧。历经多年的技术和市场发展，现在的 Flash 已经成为 Web 世界中最重要的动画制作工具之一。例如，MSN、搜狐、网易、新浪等知名的大型网站都采用了大量的 Flash 动画来增添网站的视觉效果。

Flash 使用了矢量图形和流式播放技术使图形质量大幅提升，且可以边播放边下载；使用关键帧和图符使生成的动画文件非常小，但效果依然很好，很适合在网络中传输。本章对 Flash MX 2004 进行了详细的介绍，主要包括 Flash 的基本特性、常用的绘图工具，其中重点介绍使用 Flash 进行动画设计的方法与技巧等。

习 题 6

1. 什么是 Flash 的时间轴？
2. 创建 Flash 动画主要有哪两种方法？并简要描述这两种方法。
3. 在 Flash 中，要在时间轴上添加关键帧，可以通过哪些方法实现？
4. Flash 在制作动画时可以直接导入已有的素材，请写出导入步骤。
5. 套索工具是 Flash 的一个常用工具，请写出套索工具在点阵图相近色彩区域选取对象的方法。

第 7 章 多媒体应用系统设计

在实际应用中，多媒体技术不是针对某一种媒体进行处理，而是同时针对多种媒体进行综合协调处理，因此，多媒体技术在应用时通常以多媒体应用系统的形式出现。多媒体应用系统实际上是综合处理多种媒体信息的一个平台，在现实生活中出现的频率越来越高。现代的多媒体应用系统设计要求按照软件工程中的方法，根据多媒体本身的特点，以及用户接受的情况来进行统筹安排。

7.1 多媒体应用系统概述

与传统计算机应用系统的开发相比，多媒体应用系统的开发是一项技术性很强，同时对艺术素养和认知科学又有较高要求的工作，它将计算机软件开发的技术与方法，同音乐、美术、语言等领域的艺术的设计与创意结合在一起。一般而言，多媒体应用系统泛指包含有图、文、声、像等多种媒体信息，界面友好，操作方便的软件系统，也称为多媒体作品。

多媒体应用系统是由各种应用领域的专业人士或开发人员利用多媒体创作工具或多媒体程序设计语言制作的多媒体产品。多媒体应用系统是直接面向用户的。它向用户展现了其强大的人机交互功能和丰富多彩的视听功能。

7.1.1 多媒体应用系统的特点

多媒体应用系统不仅对开发的专业技术有要求，而且由于它要综合多种媒体信息，所以对人机界面、音乐、美术等方面都有要求，涉及的领域比一般的软件要复杂得多。一般而言，多媒体应用系统具有以下特点：

1. 设计人员的多样性

在多媒体应用系统中，各类媒体信息通常需要不同领域的创作人员来处理，所以创作人员队伍中就包括美工师、音乐编辑、视频剪辑师、录音师、动画设计和程序设计员等。而且，从整体角度来看，一个应用系统的制作还要考虑项目的规划、立项，以及整体风格设计、艺术设计等，因此，创作队伍中还要包括这些领域的开发人员。

2. 设计技术与工具的多样性

多媒体应用系统制作所涉及的技术领域广泛，而且技术层次也比较高。开发一个多媒体应用系统,就必须对其中的每种媒体信息进行采集和加工。对不同的媒体信息,处理的方法与技术是不同的,所需要的工具也是不同的,甚至是很专业、很复杂的。例如,图像的采集可以用扫描仪扫描照片获得,也可以截取视频中的图像获得,还可以用数码相机直接获得等。

3. 设计创意的特殊性

前面已经提到,多媒体应用系统对艺术方面也有一定的要求,特别是对一个高质量的系统。由于多媒体信息大多是要展示给用户看的,因此创意、设计、主题等都要新颖,要有吸引力。

4. 人机交互的友好性

多媒体作品的出现增强了计算机的友好性。例如,触摸屏技术和手写输入技术使人机交互变得更加直观。多媒体应用系统的开发分为交互式和非交互式两种。不论哪一种,都要向用户演示系统中的内容,这时,系统的版面布局、颜色搭配、按钮的位置是否合理舒适、界面之间的切换是否合理等都将直接影响这个系统被用户接受的程度。这些都属于人机交互的研究范畴。目前,人机交互的设计受到越来越多的重视,关于这方面的研究正成为热点。

5. 多媒体技术的标准化

多媒体技术发展得很快,各种标准不断在变化,例如,图像压缩标准、音频压缩标准就有很多,在使用的过程中要结合多媒体产品的要求来选择。如果产品要求图片质量必须很清晰,那么压缩时,采用的标准就要注意压缩比的问题,而且要采用国际公认的常用的一些标准,如JPEG标准、MPEG标准、MCI多媒体控制接口标准等。

7.1.2 多媒体应用系统的应用领域

自20世纪80年代以来,多媒体计算机技术得到了快速发展,已经广泛地应用于教育、娱乐、商业等领域,多媒体应用系统开发工具的种类越来越多,功能更加强大,开发的技术与方法也日趋成熟。目前,多媒体应用系统的内容与形式丰富多彩、层出不穷,所涉及的应用领域日益广泛,主要有辅助教学、电子出版、影视音像制作、特技渲染、家庭娱乐、商业展示和信息咨询服务等,特别是多媒体技术与通信、网络等技术相结合的网络多媒体信息服务、远程教育、远程医疗系统和视频会议系统等。

1. 辅助教学应用系统

多媒体技术已经广泛地应用于教育和培训等与教学相关的领域,且大多都是以多媒体辅助教学应用系统的形式出现。辅助教学应用系统可以充分发挥学习者的主体作用,通过声、文、图、像等形式展示信息,通过测验、回答和游戏等形式与用户进行交互,提高用户学习的注意力和参与意识,激发用户的兴趣,从而提高用户的主动性和创造能力;而且,有些辅助教学应用系统与网络联系在一起,形成了网络多媒体辅助教学系统。例如,北大青鸟、新东方等都通过互联网提供一些培训课程。这些培训并不是简单地播放视频，而是以图文声像并茂的形式提供信息，并在其中集成了在线测试、提问等交互环节，充分应用了多媒体技术。图 7-1 就是一个网络多媒体辅助培训系统的界面。

图 7-1　网络多媒体辅助培训系统界面

2．商业展示系统

多媒体技术为商业展示提供了新的手段。商业展示系统通常是为某一个公司、某一个应用或某一个产品专门设计的演示系统，一般更加强调演示上的创意、产品的使用与创新、特殊的效果等。例如，手机生产厂家通常会在其新发布的手机中附带一张光盘，其中的内容就是展示厂家的情况和新推出手机的使用方法与独特之处。

3．信息咨询系统

多媒体技术与触摸屏技术、网络技术的结合为信息咨询提供了新的手段，现已广泛应用于交通、商场、宾馆、电信、旅游和娱乐等公共场所。例如，电信部门的话费查询系统，用户只要在触摸屏上轻轻一点，就可以查询自己的话费使用情况和电信的一些业务信息等。图 7-2 是铁道部制作的一个全国列车时刻查询系统，用户可以采用点击地图或者输入地点等方式来查询信息。

4．视频会议系统

视频会议系统是一种分布式多媒体信息管理系统，或者称为分布式多媒体通信系统。它是将网络、通信和多媒体技术结合在一起的一种新型通信手段，既可以是点对点的通信，也可以是多点对多点的通信。通常，视频会议系统在同一传输线路上承载了多种媒体信息，如视频、音频和数据等，实现多点实时交互式通信。一个好的视频会议系统在软硬

图 7-2　全国列车时刻查询系统界面

件等方面要求高数据吞吐量、实时性、交互性和服务质量保证。

5. 娱乐

娱乐领域也是多媒体应用系统应用得比较广泛的一个领域。多媒体游戏、影视编辑、VOD 系统等均属于这一类。它更加强调交互性、实时性和娱乐性,并不一定要求很大的信息量和准确性。例如,VOD(Video On Demand)系统是按用户需求将视频信息通过宽带发布的一种方式。用户可以根据自己的需要来点播电视节目或电视上提供的其他选项。目前很多电视台都开通了 VOD 点播频道。

7.2　多媒体应用系统创作工具

多媒体创作工具是多媒体应用系统开发的基础工具。它提供组织和编辑多媒体项目各种成分所需要的重要框架,包括图形、声音、动画和视频剪辑等。

创作工具的用途是设立交互性和用户界面,在屏幕上演示制作的项目以及将各种多媒体成分集成完整而具有内在联系的项目。

全球第一个流行的多媒体创作工具是 1987 年 Macintosh 系列超卡 Hypercard。Hypercard 解决了人机界面设计,使多媒体的每一项媒体素材成为一个对象,用户可以方便地产生、修改和编辑各个对象,而在程序编写上花费很少的时间,从而专心编排多媒体素材,完成多样化的节目。之后,多媒体创作工具得到了其他生产商的关注。

7.2.1 多媒体创作工具

多媒体创作工具介于多媒体操作系统与应用软件之间,是能够集成处理和统一管理多媒体信息,使之根据用户的需要生成多媒体应用系统的工具软件,也称为多媒体创作系统。它能够集成各种媒体,并可设计阅读信息内容方式的软件。借助这种工具,应用人员可以不用编程也能做出很优秀的多媒体软件产品,极大地方便了用户。与之对应,多媒体创作工具还应当具有可视化编程的功能。

7.2.2 多媒体创作工具的功能要求

由于应用目标和使用对象的不同,多媒体创作工具在功能上往往会有比较大的差别。对于一个优秀的多媒体创作工具来说,它应当具有一些基本的功能。

1. 具有良好的编辑能力及信息流控制能力

多媒体创作工具应提供良好的、编排各种媒体数据的环境,即能对媒体元素进行基本的信息和信息流控制操作。多媒体创作工具不仅要有普通编程工具所具有的数据流控制能力,如循环、条件分支、逻辑操作、数学计算、数据管理和计算机管理等,还应具有对多媒体数据流的控制能力,如将不同媒体信息编入程序、控制媒体信息的空间分布、呈现时间顺序,以及通过人机交互或利用历史实现动态输入/输出等控制能力、调试能力等。特别是用直观可视的方法为用户提供编程环境,以降低对用户专业知识背景的要求。

2. 处理各种媒体数据的能力

媒体数据一般由多媒体素材编辑工具完成,由于制作过程中经常要使用原有的媒体素材或加入新的媒体,因此要求多媒体创作工具软件也应具备多种媒体数据的输入、输出和处理能力。例如,对于出现于多媒体应用软件中的任一多媒体信息,创作人员可以根据需要,对他们进行编辑处理,如移动、延时、复制、剪切、声音起止时间的设定、图形呈现与消隐特技等。另外,创作人员的创作过程,是一个对多媒体信息进行交互性操作与控制的过程,而且创作人员可以随时查看创作的结果,以便对媒体数据进行检查和确认。

3. 动画处理能力

动画是多媒体应用系统展示信息、吸引用户的一个重要手段。动画处理已成为多媒体应用系统中必备的基本功能之一。在动画制作与处理方面,多媒体创作工具可以通过程序或工具,控制显示区的图块或媒体元素的移动,以制作和播放二维动画,如可以进行路径编辑,提供各种动画过渡特技,可以实现帧动画等。至少,多媒体创作工具应能够播放用动画制作软件生成的动画文件,如接入由 3DS 制作的三维动画等。

多媒体技术与应用

4. 应用程序的连接功能

多媒体创作工具应能提供将外部提供的应用控制程序与自己所创作的多媒体应用系统进行连接的功能,即由多媒体应用程序激活另一个多媒体应用程序,为其加载数据文件,并能返回应用程序。更高的要求是能进行动态数据交换。多媒体应用程序能够连接(调用)另一个函数处理的程序:

(1) 可建立程序级通信:DDE(Dynamic Data Exchange)
(2) 对象的链接和嵌入:OLE(Object Linking and Embedding)

5. 网络组件及模板套用功能

随着网络的迅速发展,网络为多媒体的展示提供了新的平台,多媒体丰富了网络的展示内容与效果。目前,已经有一些优秀的网络多媒体作品出现。网络与多媒体技术结合,利用网络来支持一个团队创作多媒体应用系统是今后发展的一个趋势和热点。另外,模板功能是提高用户编辑效率的一个重要手段,方便用户大量制作某一类型的节目。多媒体创作工具应能帮助开发者将某一功能或目标编成一个独立片段,即模块化,使其能"封装"和"继承",使用户能在需要时独立使用。

6. 用户界面处理和人机交互功能

友好的人机界面是判断一个多媒体应用系统是否成功的重要标准之一。一个优秀的多媒体创作工具在屏幕上所呈现的信息既要充分,又不能太乱,要能实现多窗口、多进程管理。同时,多媒体创作工具要提供必要的帮助和提示信息,以方便用户的学习与使用。对多媒体创作工具而言,它应当提供编辑用户界面和处理人机交互的功能。

7. 可视的、集成的开发环境

创作工具应向创作人员提供一个可视化、直观的创作环境。创作人员通过一些简单的鼠标点击、拖放等操作,便可完成多媒体素材的集成、画面的布局等工作,并且画面编辑时的效果与程序运行时的效果基本一致,达到所见即所得的效果。创作工具可以输入其他软件编辑制作的多媒体素材,并可对其进行编辑,使之按照要求交互性地呈现。另外,多媒体应用软件编辑完成以后,应可以利用多媒体创作工具生成独立运行的可执行文件。

7.2.3 多媒体创作工具的分类

随着多媒体应用系统需求的日益增长,许多公司都对多媒体创作工具及其产品非常重视,从而使多媒体创作工具种类丰富,产品众多。

1. 基于创作方法和特点的分类

根据多媒体创作工具创作方法和特点的不同,可将其划分如下几类:

- 基于时间的创作工具;
- 基于图标(icon)或流线(line)的创作工具;

- 基于卡片（card）或页面（page）的创作工具；
- 以传统程序语言为基础的多媒体创作工具。

（1）以时间为基础的多媒体创作工具

这类多媒体创作工具中，多媒体信息的呈现顺序是以呈现时间的先后来实现的。它们以可视的时间轴来决定事件的顺序和多媒体对象显示的时段，这种时间轴包括许多行道或频道，以便安排多种对象同时呈现，还可以用于编辑控制转向一个序列中的任何位置的节目，从而增加导航和交互控制。该类多媒体创作工具中通常都会有一个控制播放的面板，在这些创作系统中，各种成分和事件按时间路线组织。这种控制方式的优点是操作简便、形象、直观，在一个时间段内，可以任意调整多媒体素材的属性（如位置、是否有配音、转向、出图与消失方式的特技类型等）。缺点是需要对每一素材的呈现时间作出精确的安排，而具体实现时可能还要作很多调整，增加了调试的工作量。这类多媒体创作工具的典型产品有 Director 和 Action 等。图 7-3 是 Director 工具中编排表的工作窗口。窗口中的每一列代表着一帧，相当于电影的一个定格，连续流动的帧组成了电影。表中的时间线指示了当前帧，表示电影运行到该帧处。

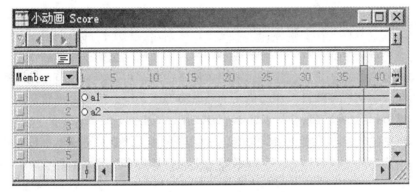

图 7-3　Director 工具中编排表的工作窗口

（2）以图标或流线为基础的多媒体创作工具

在这类多媒体创作工具中，多媒体信息按照结构化框架与过程或时间的顺序来组织，并且以流程图为主干。这类创作工具通常会提供一条流程线，供放置不同类型的图标使用，例如将各种图像、声音、文字、控制按钮等连接在流程图中，从而使用流程图隐语去"构造"程序，最终形成完整的多媒体应用系统。这使项目的组织方式简化，而且多数情况下显示沿各分支路径上各种活动的流程图。多媒体素材的呈现是以流程为依据的，在流程图上可以对任一图标进行编辑。这种方法的优点是无需大量编程，采用图形化控制过程实现各种效果并且调试方便，根据需要可将图标放于流线图上的任何位置，并可任意调整图标的位置，对每一图标都可以命以不同的名字以便对图标进行管理。缺点是当多媒体应用软件制作得很大时，图标及分支变得很多，不利于软件的维护和修改。

这类创作工具有 Authorware，IconAuthor 等。它们一般只完成多媒体素材的集成与组织，所用素材一般需要利用其他工具软件来制作，然后在此系统中建立流程图，运用系统提供的各种图标来完成创作。例如，在 Authorware 中，该著作系统提供了十几类图标，分别完成十几项基本的功能。图 7-4 就是 Authorware 的一个程序设计窗口。

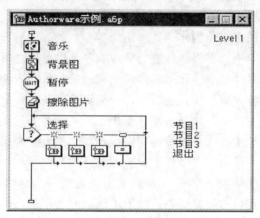

图 7-4 Authorware 的程序设计窗口

(3) 以页面或卡片为基础的多媒体创作工具

以页面或卡片为基础的多媒体创作工具要求开发者根据开发的需要将多媒体素材编辑在一幅幅画面之中,即将要编辑的对象连接到页面或卡片中。这一个页面或一张卡片便是数据结构中的一个节点。在多媒体创作工具中,根据需要将不同的页面或卡片交互性地呈现,将它们连接成有序的序列,从而形成多媒体应用系统。这类多媒体创作工具是以面向对象的方式来处理多媒体元素,这些元素用属性来定义,用剧本来规范,允许播放声音元素以及动画和数字化视频节目,在结构化的导航模型中,可以根据命令跳至所需的任何一页,形成多媒体作品。这类创作工具主要有 ToolBook 及 HyperCard。

这种编辑方法的优点是便于组织与管理多媒体素材,就像阅览一本书,比较形象、直观。缺点是当要处理的内容非常多时,卡或书页的数量将非常大,不利于维护与修改。图 7-5 是用 HyperCard 设计的一个多媒体产品时对资源进行安排的一个工作界面。

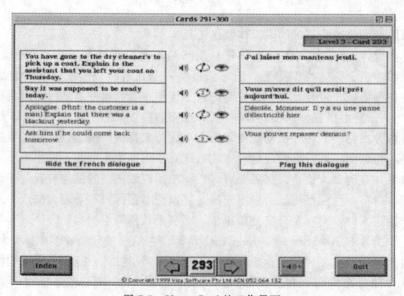

图 7-5 HyperCard 的工作界面

图 7-6 是 ToolBook 9.0 中对卡片进行管理的一个界面。

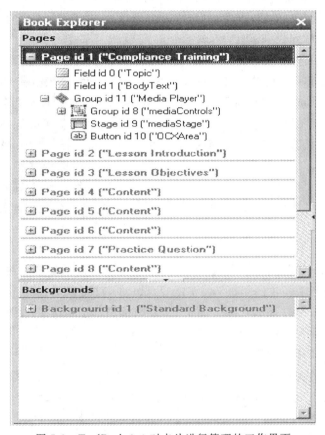

图 7-6 ToolBook 9.0 对卡片进行管理的工作界面

(4) 以传统程序语言为基础的多媒体创作工具

以传统程序语言为基础的创作工具需要大量编程，可重用性差，不利于组织和管理多媒体素材，且调试困难，如 Visual C++、Visual Basic，其他如综合类多媒体节目编制系统则存在通用性差和操作不规范等缺点。

2. 基于系统工具功能的分类

从系统工具的功能角度划分，多媒体创作工具大致可以分为四类：
- 媒体创作软件工具；
- 多媒体节目写作工具；
- 媒体播放工具；
- 其他各类媒体处理工具。

(1) 媒体创作软件工具

这类工具主要用于建立媒体模型，产生媒体数据。应用较广泛的有三维图形视觉空间的设计和创作软件，如 Macromedia 公司的 Extreme 3D，它能提供包括建模、动画、渲染以及后期制作等诸多功能，直至专业级视频制作。另外，Autodesk 公司的 2D Animation

多媒体技术与应用

和 3D Studio（包括 3D Max）等也是很受欢迎的媒体创作工具。而用于 MIDI 文件（数字化音乐接口标准）处理的音序器软件非常多，比较有名的有 Music Time、Recording Session、Master Track Pro 和 Studio for Windows 等。至于波形声音工具，在 MDK（多媒体开放平台）中的 Wave Edit、Wave Studio 等就相当不错。

(2) 多媒体节目写作工具

节目写作工具主要是提供不同的编辑、写作方式。第一种是基于脚本语言的写作工具，典型的如 ToolBook，它能帮助创作者控制各种媒体数据的播放，其中 OpenScript 语言允许对 Windows 的 MCI（媒体控制接口）进行调用，控制各类媒体设备的播放或录制。第二类是基于流程图的写作工具，典型的如 Authorware 和 IconAuthor，它们使用流程图来安排节目，每个流程图由许多图标组成，这些图标扮演脚本命令的角色，并与一个对话框对应，在对话框输入相应内容即可。第三类写作工具是基于时序的，典型的如 Action，它们是通过将元素和检验时间轴线安排来达到使多媒体内容演示的同步控制。

(3) 媒体播放工具

显然，媒体播放工具可以在电脑或其他设备上运行，有的甚至能在消费类电子产品中运行。这一类软件非常多，例如，Video for Windows 就可以对视频序列（包括伴音）进行一系列处理，实现软件播放功能。而 Intel 公司推出的 Indeo 在技术上更进了一步，在纯软件视频播放上，还提供了功能先进的制作工具。

(4) 其他各类媒体处理工具

除了以上工具外，市场上还流行着许多种类的媒体编辑工具，如多媒体数据库管理系统、Video-CD 制作节目工具、基于多媒体板卡（如 MPEG 卡）的工具软件、多媒体出版系统工具软件、多媒体 CAI 制作工具、各式 MDK（多媒体开放平台）等。它们在各自的领域中都很受欢迎。

为了满足开发者和使用者的需求，许多厂商纷纷针对一些特定领域或特别目标进行开发，从而生产出大量功能与特点各异的多媒体编辑工具，使多媒体创作工具从不同的角度看有不同的分类方法，例如，按创作界面来分类，多媒体创作工具还可以分为幻灯式、窗口式、时基式、网络式、流程式和总纲式等。

7.3 多媒体应用系统开发的过程

从软件开发的角度来看，多媒体应用系统的设计仍然属于软件工程的范畴，应该按照软件工程的开发方法来进行设计与实现。实际情况也是如此。从目前比较成熟的一些多媒体应用系统的开发情况来看，如多媒体辅助教学系统、计算机支持的协同工作系统、数字视频服务系统等，其设计与实现都遵循了软件工程的规范。

7.3.1 多媒体软件工程概述

软件工程的概念最早是 1968 年，北大西洋公约组织在德国召开的一次国际会议上提出来的。软件工程的提法是为了应对当时出现的软件危机问题。时至今日,软件的工程化工作仍然存在很多问题,但是,软件工程及其相关的技术与方法得到了充分的发展,并且在进一步完善。

传统的软件工程是将软件的开发作为一种工程来看待,从系统的角度出发,用工程化的原理和方法对软件进行计划、设计、开发和维护。其目的是生产满足客户要求的、未超出预算的、按时交付的、没有错误的软件。为了实现这个目标,需要在软件生产的各个阶段使用恰当的技术。

一个软件的开发过程主要包括需求分析阶段、规格说明阶段、软件设计阶段、集成阶段、实现阶段、维护阶段和退役阶段。每个阶段根据实际的情况又可以划分成若干小的工作阶段。其中,需求分析和规格说明是非常重要的两个阶段,但是,在实际的开发过程中,它们往往被认为是无关紧要的而被忽略。

而在多媒体软件工程中,首先就是要重视这两个阶段,一定要认真、仔细、充分地明确客户的具体需求,并且要做相应的测试来验证和说明,甚至有时要纠正客户的错误需求。需求文档和规格说明文档要规范、完整。这两个阶段的工作如果做得不充分或被忽略,那么在开发过程中,虽然感到开发的进度会加快,但是到了后期却往往不得不付出更大的代价来弥补前期的失误。其他阶段的具体情况,有兴趣的读者可参考软件工程的相关书籍。

软件开发过程的一系列步骤被称为"生命周期模型"(life-cycle model)。在软件工程发展的过程中,出现了多种模型。其中最常用是瀑布模型(waterfall model)、快速原型开发模型(rapid prototyping model)和螺旋模型(spiral model)。这些模型主要是针对面向过程的程序设计而建立的。随着面向对象程序设计的快速发展,新的模型和建模工具不断涌现出来,比较有代表性的是统一建模语言(Unified Modeling Language,UML),而且现在有些多媒体开发工具已经开始支持面向对象的设计方法,如 Authorware 7 等。

7.3.2 多媒体应用系统开发人员的组成及任务

通常,多媒体项目所需的技术是跨学科、跨部门或跨组织的,因此,创作一个完美的、复杂的多媒体应用系统,需要由多方面多领域的技术人才组成的项目组共同进行。一些大型的项目甚至会邀请产品的最终使用者直接参与到项目开发中来。

一般来说,一个多媒体应用系统的项目开发小组由以下几类成员组成:

1. 项目经理

项目经理是项目开发小组的核心之一。从立项、创作、完成到交付,项目经理一直负责项目的每个阶段,要从整体上负责应用系统的开发和实施,负责制订计划,安排进度,作项目预算,分配资源,安排人员,召开创作会议,把握组内动态等。同时,项目经理必须善于进行项目的行政、业务以及人事管理,必须能在项目组成员之间,以及项目组与客户代表之间进行很好的沟通。

2. 创作专家

创作专家是多媒体应用系统项目开发小组的基石。一个优秀的多媒体作品要从创意、场景、情节、角色等多方面设计来考虑。在这个过程中，创作专家要发挥主导作用。他要负责创意的构思、角色的创造、场景的设计和情节的设置等，要提出观点，要与客户代表沟通，了解其真实目的，写出内容准确、完整和与目标用户相关性的书面建议，帮助开发组构建并理解多媒体节目的内容，对项目开发策略进行指导。

3. 艺术指导

当多媒体开发组织大得足以有理由需要艺术指导时，其主要作用就是确保派到多媒体项目组的图形艺术家创作出符合该应用产品的目的、风格和格调的视觉素材。艺术指导也可以作为该项目的图形艺术家，至少要参与最初的小组会议。当项目成熟或变化时，艺术指导必须跟得上视觉素材在数量、形式或水平上的变化。同时，项目经理、创作专家和艺术指导之间非正式的交流要充分。

4. 多媒体设计师

这里的多媒体设计师主要是指项目中具体进行创作的工作人员，主要包括图形设计师、脚本编写师、动画创作师、项目测试员、文字编辑员、图像处理师、程序员等。他们主要是按照项目组制定的计划与进度，结合本身工作的特点，完成项目组分配给他们的任务。

5. 音频/视频专家

在一个多媒体作品中，声音效果和视觉效果是至关重要的，因此，通常会把音频和视频编辑人员单列出来。他们要根据创作要求向项目组提供最有代表性的音响效果和视觉效果，要负责对多媒体作品中的音频和视频进行剪辑，而且要确保选为本项目的音频和视频能与节目的风格和格调相融合。

6. 软件工程师和系统集成师

不是每个项目都要求有专门的软件工程师和系统集成师。但是，在某些项目中这类人才是不可缺少的。软件工程师的主要职责是从软件工程的角度对整个项目的开发进行把握，从而促进多媒体节目的开发。系统集成师主要负责利用创作工具把一个多媒体应用系统中的所有多媒体元素集成为一个整体。

7. 其他人员

从广泛的角度来看，多媒体项目开发组所包括的成员还有很多，例如市场营销代表、质量保证专家、客户代表、后勤服务人员等。而实际上，项目开发组的成员组成是要根据项目的大小、性质等方面的特点决定的。

另外，虽然一个多媒体应用系统开发小组可以有很多成员，但这并不意味着这么多人就一定可以开发出合格的产品，其中，对多媒体作品而言，尤为重要的一点是必须促进小组中各种专门技术人才之间的相互交流。如果生产多媒体产品的专家小组成员不能紧密配合，就有可能产生一些负效果，例如可能创造出不适当的、不符合顾客标准、需求和希望的多媒体方案等。同时，开发小组还必须能从一个阶段顺利转移到另一个阶段，即从最初的市场接触、明确项目到分析和设计，经过样品和实际开发到实际试用和评价，这样才能顺利进行转变。

7.3.3 开发的几个阶段

多媒体的创作一般可以分为以下六个步骤——概念（concept）、设计（design）、准备素材（collecting content material）、集成（assembly）、测试（testing）和发行（distribution）。

对于一个复杂的多媒体应用系统，其开发工作是一个系统性工程。前面内容中已经从软件工程的角度对多媒体应用系统的开发进行了阐述，也就是说，多媒体应用系统的开发也应当遵循软件工程的方法与原则来实施。根据多媒体应用系统的特点，其制作一般要经过项目的立项分析与需求分析、脚本的编写、项目的结构设计、素材的采集与制作、产品的制作与合成、测试、发行等阶段。

1. 分析阶段

分析阶段是多媒体应用系统开发的第一个阶段，也是非常重要的一个阶段。通常来说，它主要包括两部分的内容：对项目的选题与可行性进行分析，对用户的需求进行分析。有些专家将此阶段称为概念阶段。有时，可以把它分为两个阶段：

（1）项目选题与可行性分析

理论上说，多媒体应用系统选题范围是没有限制的。但是，一个项目的选题并不是随意的，必须要经过严格思考和论证才可以确定。例如，要考虑项目的主题是不是符合市场的需求，它在当前市场上是过时的内容，还是比较流行的或比较先进的内容，它的市场效益如何等。因此，对于一个项目而言，首先就要作立项分析。

立项分析中的一个重要内容就是对选题进行分析并报告。选题报告主要包括作品类型、用户分析、内容分析、设施支持以及成本效益分析等内容。

- 作品类型：多媒体应用系统的开发要明确项目的目的，明确创作出的作品仅仅是演示性的，还是要与用户进行交互；明确作品的风格；明确作品应用的领域等。
- 用户分析：这是与作品类型分不开的一项内容。明确一个作品的类型，就要考虑这个作品所要面对的用户群，以及潜在的用户，要分析这些用户的特点、习惯和可能的需求，要分析这个用户群的大小等。
- 内容分析：这是对作品类型分析的进一步深入和细化，包括设计的流程、所需的媒体信息等。更细致的内容应该在用户需求分析和规格说明阶段。
- 设施支持：考虑作品设计时所需要的软硬件以及技术支持等。这涉及投资的成本。
- 成本效益分析：与个人创作自己喜好的作品不同，一个商业性的项目非常注重成本效益分析。项目开发所需要的时间、资金等投资预算，以及它所能带来的经济效益和市场潜力的分析对于项目的立项是很关键的。

实际上,选题报告从某种意义上讲,就是一个可行性分析报告。

(2) 需求分析

尽管在作可行性分析时,已经作过一些需求方面的分析了,但是,一个项目被确定立项准备实施时,需求分析就必须细致认真地进行。

多媒体应用系统的需求分析主要是对整个系统的需求进行评估,了解用户的真实想法,确定用户对该项目的要求,然后根据实际情况采纳用户的意见。通过对需求方面的分析,深入描述系统的功能、特点、具体任务和目标、各种媒体的基本情况,建立设计的规范、接口的标准、开发的风格等。

通过具体细致的需求分析,一个项目所包含的多种媒体就能描述出来,项目的一些具体内容和结构也基本上能体现出来。这时,在具体实施开发之前,要将多媒体应用系统项目开发小组建立起来。

2. 脚本编写

脚本如同电影或电视剧的剧本一样,脚本设计的好坏将直接影响项目的制作。正如软件工程中的规格说明一样,多媒体应用系统的开发也要将系统所要涉及的信息内容进行详细、规范的规划和设计,要将这些内容细化,要体现出制作的顺序、策略、目标等。例如,要体现出音频信息和视频信息在哪个阶段进行结合,要体现出在某个场景,哪几种媒体信息进行结合以及结合的方法等内容。

实际上,脚本是多媒体应用系统的主干,一般要覆盖整个多媒体项目的系统结构。各种媒体信息的结构与结合应根据项目的实际要求进行组织。

一方面,脚本设计要规划出各项具体内容显示的顺序、步骤与规范;另一方面,脚本设计还要描述出项目的分支路径、分支的判别方法,以及这些分支衔接的流程,也就是整体结构。

制作脚本一般先勾画出软件系统的结构流程图,划分层次与模块,然后就每一模块的具体内容,选择使用多媒体的最佳时机,给出各种媒体信息的表现形式和控制方法,包括正文、图片、图像、动画、视频及必要的配音,以及对背景画面与背景音乐的要求等,最后以帧为单位制作成脚本卡片。每一帧的脚本中,都应该包括脚本的编号、显示的主题、屏幕的布局、链接关系的描述、操作的方式、各按钮的激活方式及排列位置等。

多媒体脚本设计应当体现出以下几点:

(1) 多媒体应用系统中各页面显示的内容、表现的主题,以及它们显示的顺序或步骤;

(2) 体现出整个系统的分支路径,及当前页面所在的路径;

(3) 各个页面衔接和切换的流程,或者是进入和退出的方式;

(4) 交互的方式方法;

(5) 界面的布局,以及想突出表达的含义。

另外,脚本设计的过程应当融入创意设计。创意设计是多媒体活泼性的重要来源,好的创意会大大提高系统的可用性和可视性。因此,在创作多媒体作品时,要充分地酝酿好的创意,并尽早将这些想法融入作品的设计。

下面就是一个多媒体作品中有关主程序的一个脚本示例。

脚本BIYE01

文件名:BIYE01	类型:主程序交互界面	序号:001
页面显示内容和表现的主题		交互按钮
1. 毕业纪念光盘 2. "××学校××系××专业2008级毕业生毕业纪念"文字信息,突出显示 3. 突出体现光盘主题的具体背景图片 4. 衬托按钮的装饰图案,提示用户点击它们可以进入相应的展示模块 5. 背景音乐体现出毕业纪念、友谊的气氛		美丽校园 俊男靓女 教师风采 集体活动掠影 音乐控制 帮助 退出
进入方式: 1. 片头动画结束后直接进入 2. 用户鼠标点击提示按钮后进入		本界面顺序呈现
退出方式: 1. 通过"美丽校园"按钮,进入校园图片展示模块 S01 2. 通过"俊男靓女"按钮,进入同学个人照片展示模块 S02 3. 通过"教师风采"按钮,进入任课教师照片展示模块 S03 4. 通过"集体活动掠影"按钮,进入班级集体活动时的图片及视频展示模块 S04 5. 通过"音乐控制"按钮,进入背景音乐控制模块 S05 6. 通过"帮助"按钮,进入帮助模块 S06 7. 通过"退出"按钮,可进入退出控制模块 S07		各个场景进入和退出的效果根据实际情况设定,这里就不再具体写明

3. 应用系统的结构设计阶段

尽管需求分析和脚本设计都做得很细致了,但是仍然有必要从整体上对多媒体应用系统的结构进行规划和把握,而且结构设计对程序的开发是十分重要的。也有专家认为脚本编写阶段是设计阶段的一部分。

这一阶段需要将多媒体作品的流程结构设计完整,不仅是总体上的一个结构,而且包括每一个模块中比较细致的一些结构。一般来说,主要包括内容组织结构设计、导航策略设计、控制机制设计、交互界面设计等。通常在结构设计中要确定如下内容:

(1) 目录主题,即项目的入口点。目录主题应体现良好的设计,同时设定其他主题内容,因此应以整个项目为一体,形成一致而有远见的设计。目录主题是整个系统的查询中心。

(2) 层次结构和浏览顺序。设计中要建立每个问题相关主题的层次关系及其对项目显示信息顺序的影响。许多时候,信息所表示的是前一屏幕的后续部分,而不是其他层的信息内容,故此时需建立其浏览顺序,使用户更好地理解内容。

(3) 交叉跳转的确定。编程实现应用程序设计的交叉跳转可通过相应转移语句实现。在使用多媒体创作工具时要慎重,大量跳转虽然用户能随意浏览信息,但会使查找过于复杂,而且为了保证跳转的正确性,需要花费许多时间来检测跳转。

确定一个系统的结构,需要先对这个系统作一个整体构思,如系统的组织结构类型是线性、层次,还是网状,或是多种类型的结合等;并且要将这些结构以图的形式画出来,并与脚本的内容相结合。显然,脚本描绘的一些内容,如主题、层次结构、进入/退出方式等,要在结构设计中细致地体现出来。

多媒体应用系统通常有四种典型的结构:
- 线性的:用户按顺序移动,一帧接一帧;
- 层次式的:按内容形成的树形结构,用户沿着分支移动;
- 非线性的:用户可随意在应用系统的内容中穿行,不受预定路径的限制;
- 复合型:用户可自由穿行,但受电影或关键信息的线性展示或层次结构中逻辑组织数据的限制。

图 7-7 就是一个大学毕业纪念光盘的流程结构示意图,它是典型的层次式结构。

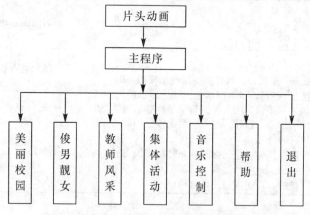

图 7-7 大学毕业纪念光盘流程结构示意图

4. 素材的采集与制作

素材的采集与制作包括文字的录入、图表的绘制、音频的编辑、视频的采集与编辑等。在进入实际制作阶段前,素材都需要准备好,包括采集各种媒体信息,更重要的是要根据需求分析和设计要求,将这些素材做好预处理工作。预处理需要考虑很多因素,如项目和用户的具体需求,这当然是最主要的因素,还有对时间、空间、存取速度、要求显示的质量、要求播放的效果等因素。也就是说,素材的采集与制作要综合这些因素来进行。详细的内容可参考前面的相关章节。

5. 产品的制作与合成

按照脚本设计和结构设计中的具体设计与要求,将已经处理过的各种媒体素材组织起来,将它们按照一定的规则和方法有机地集成到相应的信息单元中,形成一个完整的多媒体系统。这就是具体的实现步骤。产品在合成的过程中,要严格按照前面设计的要求来制作,如果出现变动,要及时记录这些变动。

这个时候还要根据创作的目标来选择好创作工具，一般主要有两种方法：① 采用多媒体编程语言，如 Visual Basic、Delphi 等。② 选用多媒体创作工具，如 Authorware、Director、ToolBook、Flash 等。实际上，一个多媒体作品通常需要这两种创作工具结合起来使用，因为它们各自的侧重点不一样。编程语言对于细节把握得比较好，但是相对要复杂一些。创作工具简单易用，很容易上手，而且效果也不错，但在细节方面需要编程语言的支持。

6. 测试与评价阶段

测试是从使用者的角度来测试软件作品运行的正确性、可靠性和功能的完备性，查看其是否完成了系统设计的预定目标。同时，另一个主要目的就是发现软件作品中的错误和缺陷。多媒体应用系统的测试，同其他软件的测试一样，也是一项很复杂的工作。测试实际也是一项系统性工程，要先制定测试方案，生成测试用例，再进行实际测试，最后形成报告。严格来说，一个系统的测试并不是说只有到了最后才进行测试，而是说在前面每个阶段都应该进行一定程度的测试。

7. 打包及发行阶段

多媒体应用系统在经过前面若干步骤后，就算是完成了。但是作品的最终目的是要向外界发行，因此要将它们打包，刻录成光盘，然后通过媒介和市场渠道向外发行。所谓的打包就是形成一个可以脱离具体制作环境而在操作系统环境下能直接运行的系统。需要注意的是，仅仅打包是不够的。一个完整的应用系统应当包括打包后形成的应用文件，还应该包括帮助文件、使用说明等内容，最后才是对外进行推广发行。

7.3.4 多媒体创作中的交互与导航

交互与导航是多媒体作品设计中必须重点考虑的环节。要使一个优秀的多媒体作品能够引起使用者的兴趣，激发他们的共鸣，那么好的交互与导航设计能使其事半功倍。交互与导航的设计不仅要考虑到其本身的特性，还要遵循下面将要介绍的人机界面设计原则。

1. 交互性

一个具有交互性的多媒体作品应当能够响应用户的选择或响应用户输入的内容，与用户进行交互。交互性的目的是为用户提供对应用的控制及提供某些反馈。基本上所有的多媒体创作工具都提供了一些控件、函数等手段来实现和控制交互。因此，交互性设计是多媒体项目开发的重要步骤之一。

例如，在多媒体培训系统中，设计者必须考虑以什么样的形式（如选择题，输入一段文字或画一些图形符号等）让使用者积极参与到系统的培训中，以及考虑系统如何反馈用户的选择或输入等，因为良好的交互性设计会大大增加使用者学习的兴趣，增强产品的市场吸引力。

2. 导航性

多媒体作品所包含的信息量比较大，种类也比较多，如果将这些信息严格地按照某种顺序一一播放，就会显得十分单调枯燥。实际上，多媒体作品内容的展示可以采取非常灵活的手段进行，如采用顺序、跳跃、菜单选择等方法。一般情况下，多媒体作品有以下几种基本结构：

（1）线性导航结构

线性导航结构也称为顺序导航，即多媒体内容按照事先定好的顺序一步一步地演示，如图 7-8 所示。

图 7-8　线性导航结构

（2）非线性导航结构

这种结构为用户在浏览或使用多媒体作品时提供了多种选择，既可以按指定路线浏览，也可以选择其他路线，如图 7-9 所示。

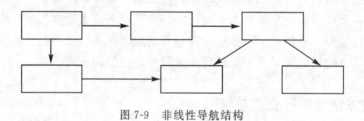

图 7-9　非线性导航结构

（3）层次性导航结构

使用者可以沿着多媒体内容的逻辑流程所定义的分支结构来"航行"，如图 7-10 所示。

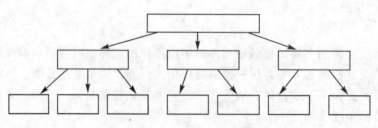

图 7-10　层次性导航结构

（4）复合性导航结构

通常，单纯的某一种导航结构并不适合多媒体产品的开发，通常是将几种结构组合在一起，形成一种看似复杂，实则灵活的导航结构，如图 7-11 所示。

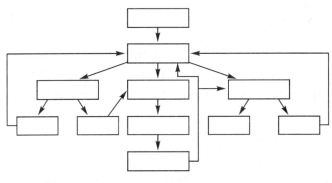

图 7-11　复合性导航结构

7.4　人机界面的设计

人机界面指用户与计算机系统的接口，它是联系用户和计算机硬件、软件的一个综合环境。广义上来说，它指的是用户与界面的关系，也称为 UI（User Interface）。用户与界面之间的关系包括人与机器，以及人与机器中的软件进行互动的过程，一般分为交互设计和界面设计两个方面。

交互的目的是提高软硬件的功能和使用效率，促进设计，执行和优化信息的交流与通信，以满足用户的需要。它结合了信息科学、美学、心理学和人机工程学等领域的知识。软件界面是人与机器之间的信息界面，从心理学意义来分，它可分为感觉（如视觉、触觉、听觉等）和情感两个层次。交互设计与界面设计都是复杂的、众多学科参与的工程。信息科学、心理学、美学、人机工程学等在此都扮演着重要的角色。这里主要讨论的是人机界面的设计，由于交互设计与界面设计有许多相近之处，因此，这里不作严格区分，把它们放在一起讨论。

现在的应用软件系统设计中，人机界面变得愈来愈重要。用户在使用一个软件时，首先接触的就是软件的人机界面，而且一个好的界面设计对用户了解和掌握软件的功能起着很大的帮助作用，有助于用户对软件作出积极的评价。

尤其是多媒体应用系统，因为多媒体类的软件本身就包含着多种媒体信息，展示的方法和手段比较丰富，但是，将这些方法与手段结合起来，使用户在视觉和听觉方面，甚至于触觉方面都有良好的感觉却并不容易，这就需要对人机交互的界面进行很好的设计。多媒体技术使人机界面设计的手段更加丰富，但同时也提出了许多新的挑战性的课题。

7.4.1　界面设计原则

多媒体应用系统的人机界面设计，既要遵循界面设计的一些基本准则，又要与多媒体信息的特点结合起来，而且要依托于心理学、认知科学、语言学、通信技术，以及戏剧、音乐、美术等多方面的理论和方法。

一般来说，用户界面设计有三大原则，即置界面于用户的控制之下、减少用户的记忆负担和保持界面的一致性。

1. 置界面于用户的控制之下

这一原则也称为用户原则。面向用户这一原则已经成为人机交互设计中最基本的原则之一。一个软件的使用者是用户,因此用户的感觉与需要是至关重要的。因此,设计中要先确立用户类型,对不同类型用户的特点进行分析,了解其要求和习惯,然后再结合其他的一些原则进行设计。

目前比较流行的一种做法是邀请用户直接参与设计,甚至可以预测用户在未来的一些想法,并将其用于设计中。需要注意的是,面向用户是很重要,但是在实际的设计中,要结合其他一些原则,而且应该对用户的要求进行正确的分析,也就是说不一定完全按照用户的想法来做。

2. 减少用户的记忆负担

此原则也称为信息最小量原则。现在的计算机软件种类繁多,功能各异,人们在使用这些软件时,总要面对不同的界面,要记住不同按键、不同菜单的作用,甚至要记一些命令。因此,进行人机界面设计时,要对用户的操作及时作出反应,帮助处理问题,主动给出提示信息,常用的一些菜单、快捷键等要符合用户现有的一些习惯,便于用户的接受与使用,要尽量减少用户需要记忆的信息量,要采用有助于记忆的方案。

3. 保持界面的一致性

此原则也称一致性原则。界面设计中应该保持界面的一致性。界面的一致性包含了界面上所显示的很多细节,如字体、颜色、提示信息等。界面在信息表现方法和布局上既要体现出多样性、丰富性,又要具有前后一致性。

至少要注意,在多媒体应用系统中,呈现给用户的界面在标签、控件、对齐方式、分辨率、字体、色调等方面的信息表现方式应当一致。比如色调,在多媒体软件的不同阶段或不同部分可以有差别,但是同一个阶段或部分中色调应当是一致的。不一致的表现形式会使用户注意力分散,影响软件的使用。再如:菜单选择、数据显示、对话框的样式及风格、元素的外观、交互的方式以及其他功能等都应使用一致的格式。界面设计保持高度一致性,用户不必进行过多的学习就可以掌握其共性,还可以把局部的知识和经验推广使用到其他场合。

这三大原则从大的方面对界面的设计提出了一些要求,同时也是非常具体的准则。

另外,在具体结合多媒体应用系统的特点时,还可以在以下方面进一步地细化,使大家对界面设计的认识更加深刻一些。

4. 布局合理原则

布局的合理性没有统一的标准,要结合不同软件的特点和不同的使用对象来考虑。它包含多个方面:

首先就是结构方面,结构化的界面布局可以减少设计的复杂度,或者说界面的布局要有一定的层次性。要合理地安排信息在屏幕上显示。合理的安排要遵循一些已形成的习惯用法,要按照信息重要性的先后顺序,要考虑信息的使用频率,要注意信息的通用性和专用性,以及时间上的先后等因素。

其次是界面的信息要准确、简洁。准确就是不要让用户觉得有二义性而无从选择,简洁不是简单,而是要让用户一目了然,能迅速地对这个界面的信息和功能作出判断,增强界面的可读性和可理解性。过于复杂、花哨的界面容易引起用户的视觉疲劳。

最后是提醒原则。界面中的重要信息一定要给出醒目的提示,如可以使用黑体字、加大亮度、不同颜色等方法来提醒用户。再如,在关闭一个窗口时,通过对话框的形式让用户进行确认等。

5. 多种媒体的合理选择与结合

这也是多媒体应用系统同其他计算机软件在人机交互设计中有很大不同的一点。

首先要注意的就是同步原则。如视频信息和音频信息在演示的时候要同步,要合上拍。又如,有时一些软件在展示的时候,视频中人物的口形同声音对不上,或与字幕对不上。

其次是合理选择。不同的场景需要不同的手段进行展示,如课件中基本概念和名词一般采用文本的形式比较好,一个过程的解释采用动画或视频比较好等。实际上,这不是一件容易的事情,需要熟悉不同媒体的功能,而且往往还需要进行创意设计。好的创意会带来意想不到的效果。

6. 色彩搭配

实际上,前面的一些原则中已经包含有这一点,但是这个方面对任何一个软件都很重要,有时也称为美工设计。色彩的使用是有一定规则的,但是创意是无限的。一般来说,同一画面同时显示的颜色数不宜超过 5 种,活动对象的颜色应鲜明,不同对象的颜色应不同,而且要尽量用常规准则所用的颜色来表示对象的属性。如红色表示警告以引起注意等。

7. 鼠标与键盘对应原则

在一个系统的操作中,不仅要考虑到可以用鼠标进行操作,而且要考虑到界面的各个部件也应该可以用键盘进行操作。也就是说,应用中的功能只用键盘也应当可以完成。当然,现在鼠标的使用同键盘一样普遍了,但是,设计上应当还是要考虑得完备一些。另外,对于一些不易用键盘操作的功能尽量设计成可以用键盘操作。

8. 快捷键及特殊键

使用快捷键可以让用户操作得更快一些,在西文 Windows 及其应用软件中快捷键的使用大多是一致的。还有一些特殊的按键,如 Tab 键,在一个窗口中按 Tab 键,移动聚焦的顺序不能杂乱无章,顺序是先从上至下,再从左至右。

7.4.2 认知原则

认知心理学产生于 20 世纪 50 年代,是一门新兴学科,主要探讨信息加工的机制和知识的表征方式。模式识别、选择性注意、记忆、思维和言语等高级心理活动是其主要研究内容。

人类认识客观事物，主要是通过感觉、知觉、注意、记忆、思维想象等来进行的。广义的认知心理学认为，凡是研究人的认识过程，都属于认知心理学。而狭义的认知心理学，也称为信息加工心理学，是指纯粹采用信息加工观点来研究认知心理学过程的心理学，用信息加工的观点和术语，通过与计算机相类比，以模拟、验证等方法来研究人的认知过程，认为人的认知过程就是信息的接受、编码、储存、交换、操作、检索、提取和使用的过程。

以信息加工的观点研究认知过程是现代认知心理学的主流，这里主要讨论的也是信息加工心理学。信息加工心理学认知的过程可以归纳为四种系统模式，即感知系统、记忆系统、控制系统和反应系统。它强调人已有的知识和知识结构对其行为和当前的认知活动起决定作用。

简单地说，认知心理学研究的内容就是信息如何表达并转化为知识，信息如何在人的大脑中存储，以及知识如何指导人的行为。在多媒体应用系统的人机交互设计中，认知心理学发挥着重要的作用，具体来说就是：

- 指导界面设计，如何使用户少出现错误，提高工作效率；
- 指导界面设计，如何使人机界面友好，符合人的自然特性，使用户喜欢，持久使用。

认知心理学主要分析知觉、注意、思维、语言、学习等方面的内容。将认知心理学的研究成果用于指导多媒体应用系统的界面设计是十分必要的，而且效果很好。例如，根据研究，人们在注意方面一般有以下几个特点：

- 受时间和能量的限制，人们每次注意力集中的时间是有限的；
- 注意对象的数目是有限的，一般遵循 7±2 原则；
- 注意受知觉范围的限制，超出视觉阈值的对象是不会被注意的；
- 注意受动机引导，动态的对象往往较容易受到注意；
- 视觉注意的分布是不均匀的，如右下角的对象较容易被忽略等。

因此，在多媒体应用系统的界面设计中，认知心理学告诉我们还需要注意以下一些问题：

（1）"7±2 原则"：即一个区域内放置的对象在 7 个左右，或者说，需要用户记忆的内容或对象数目在 "7±2" 的范围内。需要说明的是，这还需要看界面设计中其他部分设计的程度，比如，界面中的帮助和提示信息做得非常好，适当突破 7±2 原则也是可以的。

（2）重要的信息尽量放在视线的左上角，或动态提醒。根据统计显示，人的视觉对左上角的敏感度达到 40%，明显高于其他区域。

（3）使用的符号、图标等尽量符合已有的一些习惯，因为人们的视觉在扫描时，非常容易识别出他熟悉的对象。

（4）操作及操作的装置要尽量简单。因为分割注意指出，人有时在微小时间段，能分别注意两个以上的东西。简单的操作及操纵装置容易形成自动化过程，符合人对该产品的思维过程，符合人的动作特性，便于形成自然操作。复杂的操作会降低操作的熟练度，减慢动作速度，易引起心理抵触。

(5) 允许用户的各种尝试操作，包括误操作。用户使用一个新的多媒体应用系统时，一般都会有一些好奇心理，去做各种尝试性的操作，而且基本上，每个用户使用软件时都会出现误操作。这就要求设计者要考虑充分，容忍这些操作，并最大限度地给出提示信息，尤其是一些关键性的误操作。

7.4.3 界面设计的步骤

从上面介绍的内容来看，好的界面设计是很复杂的，也是需要进行规划和分析的。一般来说，界面设计过程使用的方法仍然是软件工程中的一些方法，其步骤大致也是这么几个过程：
- 需求分析阶段
- 设计文档阶段
- 具体实现阶段
- 调研验证阶段
- 方案改进阶段
- 用户验证反馈阶段

前面关于这些内容的介绍已经比较多，而且所用的方法也基本类似，因此这里不再一一介绍。

下面从总体上对具体设计的工作流程作一介绍。用户界面设计在工作流程上可以分为结构设计、交互设计、视觉设计三个部分。

1. 结构设计

结构设计是界面设计的骨架。通过用户研究和任务分析，制定出多媒体软件产品的整体架构。这部分就是要设计多媒体产品由哪些部分组成，设计各个部分之间以及每个部分的逻辑结构层次，设计需要交互的内容或界面有哪些以及样式风格，只需要演示的内容或界面又有哪些以及样式风格等。例如，在手机的多媒体应用系统中，铃声设置和背景图案设置分别通过不同的部分来实现，但都通过层次化的菜单样式来实现。

界面的结构设计主要包括界面对话设计、数据输入界面设计和控制界面设计等多个基本类型。
- 界面对话设计，是比较常用的一种界面样式，如对话框。一般来说，这种结构的界面要提供给用户一些基本的状态，告知目前出现的情况或所处位置等，同时允许用户提交反馈信息。合理的设计还要包括对话的默认值、允许用户退出、允许用户出错等。
- 数据输入界面设计，这种结构界面的主要目标是简化用户的工作，降低输入出错率，允许用户提供交互信息。这也是比较基本的、常用的界面，如填写表格，从列表中选择等。这类结构的界面一般都比较规范，样式的一致性也相对较好，需要注意的是在用户输入时，界面要提供格式上的自动化，用户不必再去考虑格式问题。
- 控制界面设计，其目的是为用户提供尽可能大的交互能力，使其方便地使用多媒体应用系统,并可以快捷、精确地控制多媒体产品的一些功能。这类结构的界面设计类型有控制会话设计、菜单命令设计、图标表示对象和命令、窗口设计、直接操作界面以及命令语言界面等。例如,控制会话设计中就要求每次只有一个提问,以免使用户短期负担增加。窗口实现控制时有重叠和不重叠之分,可以动态地创建、删除等,且窗口之间便于切换等。

2. 交互设计

交互设计的目的是使用户能方便、快捷、简单地使用多媒体产品。它是对结构设计的进一步细化。界面设计的原则讨论中已经介绍了很多有关交互设计的知识,这里只是再提醒一些前面没有提到的注意事项,如:多媒体应用系统在与用户交互的过程中,应当允许用户控制界面,通过上一步、下一步等按钮来给用户更多的选择;允许用户临时中断和退出系统的使用;告知用户当前的位置,尤其是当层次较多时;提供导航功能等。

例如,一个多媒体课件中可能包含有多个章节,每个章节中又有多个小节。用户在使用课件时,应该能知道他正在学习的是哪一章的哪一个部分,目前的进度是多少,而且应当允许用户跳跃某些章节,直接进入其他章节进行学习等。

3. 视觉设计

在结构设计和交互设计的基础上,参照多媒体应用系统使用对象的心理模型和软件的功能来进行视觉上的一些设计,其中包括色彩搭配、字体、背景音乐和音效、视频演示等,目的是使用户愉悦地使用这个多媒体产品。视觉方面的设计要遵循认知心理学的原则和界面设计的一些基本原则,如色彩不宜过多,要有提示信息,要提供视觉线索,图标等要符合人们已有的习惯等。例如,在多媒体课件中,一个界面中显示的文字不宜太多,字体大小、颜色要适中,排版整齐,标题和正文的字号或颜色要区分开来等。如果文字太多,会使用户感觉到视觉疲劳,而不想阅读这个界面。

7.4.4 用户界面测试

用户界面在作为软件或系统正式交付前需进行严格的测试,让用户进行评价。严格的测试方法和评价标准可以促进用户界面的设计及改进。

1. 测试的主要内容

用户界面测试的内容主要包括:

(1) 可视性方面的测试,如界面总体布局协调性,色彩搭配合理性,界面要素美观性,以及术语、缩写、图标、菜单项、对话框等的一致性。

(2) 多媒体产品的可用性测试,如产品在显示和操作上的协调性;操作的方便性与灵活性;界面的提示与信息反馈的情况;系统的可接受性,是否容易学习和掌握;帮助功能的完备性和准确性;基本功能的完善性等。

(3) 健壮性测试,主要包括输入类型及边界控制性能,危险操作拦截提示性能,操作可恢复性等。

2. 用户界面测试方法

(1) 观察法

这是最简单、最基本的测试方法，就是测试人员通过直接使用多媒体产品，直接观察产品使用的效果，如界面是否美观大方、操作是否方便、功能是否都完成了等。

(2) 原型评价法

在界面研发过程中获得用户的反馈意见是十分必要的。以用户为中心和交互式设计的重要因素之一就是原型方法，原型方法的目的是将界面设计与用户的需求进行匹配，主要有快速原型、增量原型和演化原型等三种原型方法。

(3) 咨询法

这是目前被广泛采用的方法之一。也就是说，当一个多媒体产品被正式推出前，推出一些试用版，或邀请部分用户来体验该产品，然后直接向这些用户进行详细的询问，对收集到的反馈信息进行统计分析，产生有用的评价结论。这里要注意的是一定要预先设计和构造好咨询手段和工具。

(4) 座谈法

这实际是另一种形式的咨询法，只不过是指通过座谈会、采访之类的形式，直接向用户征询对系统和界面的意见。这种方法往往可以与用户一起对问题进行更深入的探讨，常常能产生特殊的、建设性的建议。

(5) 实验法

实验法一般用于对达到同样目的的多种不同界面设计或实现的结果进行比较的情况。它以观察法和咨询法获得的数据信息作为实验的基础。

一般来说，在对多媒体产品的界面或产品本身进行测试时，经常会将多种测试方法结合在一起进行。

【本章小结】

这一章主要介绍了多媒体应用系统创作过程的基本知识、创作步骤，用软件工程的方法讨论了多媒体应用系统的制作，然后对多媒体应用系统中很重要的一个环节——界面设计作了详细介绍，并涉及了一些认知心理学的内容。大家可能认为，在制作一个多媒体作品时是没有这么复杂的。这应该从两个层面来看待这个问题，如果说是个人根据自己的喜好来制作一些小的作品，或是学习性的一些作品的制作，其制作是不必这么复杂，但实际上它仍然遵循着这些步骤，只是将这些步骤都尽可能简化了。然而，如果是一个商业性的大型的多媒体应用系统，其制作过程要比这里介绍的内容还要复杂和规范。应该说：规范制作流程是今后软件制作的趋势，我们在学习的过程中应当注意理解、体会和把握这些制作流程与规范。

习 题 7

一、选择题

1. 多媒体电子出版物创作的主要过程可分为以_____步骤。

A. 应用目标分析、脚本编写、媒体数据准备、设计框架、制作合成、测试
B. 应用目标分析、脚本编写、设计框架、媒体数据准备、制作合成、测试
C. 应用目标分析、设计框架、脚本编写、媒体数据准备、制作合成、测试
D. 应用目标分析、媒体数据准备、脚本编写、设计框架、制作合成、测试

2. 多媒体创作工具标准中具有的功能和特性是_____。
   A. 超级链接能力   B. 模块化与面向对象化
   C. 动画制作与演播   D. 以上答案都对

3. 下列硬件配置是多媒体硬件系统应该有的是_____。
   (1) CD-ROM 驱动器   (2) 高质量的音频卡
   (3) 计算机最基本配置   (4) 多媒体通信设备
   A. (1)   B. (1) (2)
   C. (1) (2) (3)   D. 全部

4. 对于电子出版物，_____说法是错误的。
   A. 容量大   B. 检索迅速   C. 保存期短   D. 可以及时传播

5. 下面所列软件中，属于多媒体创作工具的是_____。
   A. Flash   B. Dreamweaver   C. Illustrator   D. Authorware

二、简答题

1. 多媒体应用系统的特点有哪些？
2. 列举你所见过的多媒体应用系统（至少三个）。
3. 根据创作方法和特点的不同，多媒体创作工具可以分为哪几类？
4. 请简要描述以图标或流线为基础的多媒体创作工具的特点。
5. 在一个多媒体应用系统开发小组中，你认为应该由哪些人员组成？为什么？
6. 脚本编写的主要目的是什么？应该包括哪些内容？
7. 假设你所在的学校要进行校庆，邀请你来设计学校校庆纪念光盘，谈谈你的设计思路。在这个系统的结构设计中，你将采取什么样的结构？
8. 简述在进行人机交互界面设计时需要考虑的原则。
9. 什么是"7±2原则"？

第 8 章　基于流程的创作工具 Authorware

　　Authorware 是 Macromedia 公司开发的一款多媒体制作软件。它是一个图标导向式的多媒体制作工具，使非专业人员快速开发多媒体软件成为现实，其强大的功能令人惊叹不已。利用 Authorware 多媒体设计平台可以快速地创作出丰富、生动的多媒体作品，因而得到了广泛的应用。Authorware 这种通过图标的调用来编辑流程图用以替代传统的计算机语言编程的设计思想，是它的主要特点。

8.1　Authorware 概述

　　Authorware 是 Macromedia 公司推出的一款使用方便、功能强大的多媒体开发工具。它广泛地应用于多媒体教学和商业等领域。它采用面向对象的设计思想，以图标（icon）为程序的基本组件，用流程线（line）连接各图标构成程序，把众多的多媒体素材交给其他专业软件处理，本身则能有效地将各种媒体集成在一起，最终形成交互性强、富有表现力的作品，并提高了多媒体软件的开发速度与质量。

　　Authorware 操作简单，程序流程清晰，开发效率高，并且能够结合其他多种开发工具，共同实现多媒体的功能。它易学易用，不需大量编程，使不具有编程能力的用户也能创作出一些高水平的多媒体作品，对于非专业开发人员和专业开发人员都是一个很好的选择。

8.1.1　Authorware 的主要特点

1．直观、友好的开发界面

　　Authorware 提供了直观的设计图标，并采用了流程式的控制界面，利用对各种图标逻辑结构的布局，来实现整个应用系统的制作，这在结构和设计思想上都很清晰。同时，用户可以直接将多媒体文件从资源管理器导入流程线、设计图标或库文件中。

2．丰富的交互和响应方式

　　Authorware 提供了 4 种流程结构、11 种交互方式、13 种导航方式，以及相关的函数和变量供开发者选择，以适应不同的需要。常见的交互方式有按钮、菜单、键盘、鼠标、热区响应、目标区响应等。Authorware 的优势之一就是能开发交互性很强的程序，使程序的界面友好，操作简便。

3. 高效的多媒体集成环境

Authorware 为多媒体作品制作提供了集成环境，通过多种形式的外部接口，开发者可以充分利用声音、文字、图像、动画、电影等多种媒体信息，并将它们有效地集成在一起，形成具有充分表现力的多媒体应用系统。

Authorware 主要的媒体处理功能有：对文本对象具有丰富的控制功能，支持多种格式的图形图像，可利用内部的绘图工具或图形函数绘制图形，支持多种格式音频、视频文件的载入和控制。例如，利用 Photoshop、Fireworks 和 CorelDraw 等软件处理图像，利用 Flash 等编辑动画，利用 Goldwave 等编辑声音，利用 Premiere 和绘声绘影处理视频等。

4. 强大的数据处理能力

Authorware 同时提供了使用设计图标和编写代码两种设计手段。系统提供的丰富的函数和变量可以实现一些较为底层或更高级的控制功能，也允许用户自己定义变量和函数，还存在着丰富的外部扩展函数。同时，增强的代码编辑窗口为一些用户提供了方便。

5. 强大的逻辑结构管理功能

Authorware 利用对各种图标的逻辑结构布局来实现整个应用系统的制作，逻辑结构管理是 Authorware 的核心部分。Authorware 程序运行的逻辑结构主要是通过所有图标在流程线上的相应位置来反映整个体系。同时，Authorware 还引进了页的概念，提供了框架图标和导航图标，可以实现超文本与超媒体的链接。

6. 对网络应用提供了完善的支持

Authorware 通过使用流技术，极大地提高了网络多媒体程序的下载和运行效率。通过使用 MP3 等高压缩率和低带宽流式媒体，显著增强了在线程序的执行速度和表现效果，而且可以将 Authorware 制成的多媒体应用系统快速发布到 Internet 上。另一方面，通过 ActiveX 控件的浏览器，Authorware 也可以让用户在其应用程序中浏览 Internet 上的内容。

7. 提供了大量范例程序

Authorware 7 提供了 90 多个范例程序。这些范例程序包含有对自身的讲解，设计得很好，其中的代码可以重用，这为用户的学习提供了很大的帮助。

8.1.2 Authorware 7 的新特性

Authorware 7 与以前的版本相比，新增了一些功能，其中主要体现在以下几个方面：
- 采用 Macromedia 通用用户界面：Authorware 7 采用了与 Macromedia 公司 MX 系列产品相似的用户界面。属性检查器代替了以前版本中的属性对话框。各种工具栏和图标浮动面板可以成组放置、展开或折叠。
- 支持导入 Microsoft PowerPoint 文件。
- 在应用程序中支持播放 DVD 视频文件。

- 支持 XML 的导入和输出：Authorware 7 增加了对 XML 的导入和导出功能，允许在程序中插入 XML 文件，也可以把程序流程输出为外部 XML 文件。
- 支持 JavaScript 脚本：Authorware 7 采用了与 MX 系列其他产品（如 Flash 等）相同的 JavaScript 引擎，用户就可以在其中使用熟悉的 JavaScript 代码。
- 增加了学习管理系统知识对象。目前大多数学习管理系统（Learning Management System，LMS）都遵循两个标准：航空工业计算机辅助训练委员会标准和 ADL 可共享课件对象参考模型。Authorware 是强有力的联机多媒体教学工具，利用 LMS 知识对象可以迅速地创建能与上述两个标准相符合的在线教学程序。
- 支持 Mac OS X 系统：Authorware 7 为 Mac OS X 系统提供了独立的运行器、打包工具和 Web 播放器等，创作的作品可在 Mac OS X 系统上兼容播放。

8.2 Authorware 主界面组成及菜单系统

Authorware 7 直观友好的用户界面首先就体现在它简洁、合理、通用的应用程序窗口，或者说是工作界面。其工作界面主要由标题栏、菜单栏、工具栏、图标栏、程序设计窗口、浮动面板和属性检查器等部分组成，如图 8-1 所示。

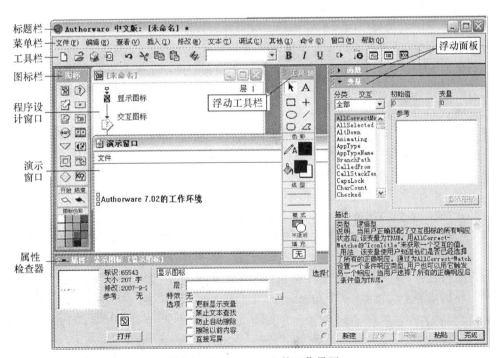

图 8-1 Authorware 7 的工作界面

需要说明的是，第一次打开 Authorware 7 时，呈现给用户的工作界面只有标题栏、菜单栏、工具栏、图标栏和程序设计窗口，其余部分是在工作需要时才会出现的。

下面简要介绍图 8-1 中的主要部分。

8.2.1 工具栏

工具栏中放置的是一些使用频率较高的常用按钮，由 18 个按钮组成，其中包括一个下拉列表框，如图 8-2 所示。这些工具或对应的命令在菜单栏中都可以找到。这里只对其中部分按钮作出中文解释。实际上，当把鼠标移动到某个按钮上面，系统会自动给出该按钮的解释。

图 8-2　Authorware 7 的工具栏

工具栏中部分按钮功能如下：

- 导入文件（Import）：快捷键是 Ctrl+Shift+R。
  用于把外部文件导入到正在制作的 Authorware 应用程序中，如导入图片等。
- 运行（Restart）：快捷键是 Ctrl+R。
  单击它可以从程序的开始处执行当前打开的程序。
- 控制面板（Control Panel）：快捷键是 Ctrl+2。
  单击它会弹出"控制面板工具箱"，用于控制程序的运行和跟踪程序执行。
- 函数窗口（Functions）：快捷键是 Ctrl+Shift+F，用于查找、观察和加载外部函数。列出所有的系统函数、自定义函数及有关函数的描述。
- 变量窗口（Variables）：快捷键是 Ctrl+Shift+V，用于查找或观察变量。列出所有的系统变量、自定义变量及有关变量的描述。
- 知识对象（Knowledge Objects）：快捷键是 Ctrl+Shift+K。单击该按钮后，可以打开/关闭知识对象的浮动面板。该面板列出所有知识对象及对知识对象的描述，包括 Internet、LMS、RTF 对象、界面构成、模型调色板、评估、轻松工具箱、文件、新建和指南等十大类共 50 个知识对象。

8.2.2 图标栏

图标栏在 Authorware 7 编辑环境窗口的最左边，也称为图标选择板，由 14 种设计图标、调色板和开始标志旗与结束标志旗组成，如图 8-3 所示。

在 Authorware 中开发多媒体作品过程中，这些

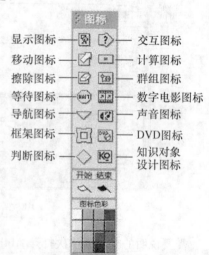

图 8-3　Authorware 7 的图标栏

图标经常要用到，熟练灵活地使用这些图标将使用户的开发变得简单、快捷、高效。由于掌握这些图标的使用是很重要的，因此这里将介绍每个图标的基本功能，更多的功能和具体操作需要用户在应用的过程中逐步学习和把握。

- 显示图标（Display）：这是 Authorware 中最基本的图标，用户可以在其演示窗口中制作多媒体的文本、图形或加载图像等。
- 移动图标（Motion）：用于移动屏幕中显示的对象，并可控制对象运动的速度、路线和时间，从而形成动画效果。对象可以是文本、图形或数字化的图像。
- 擦除图标（Erase）：为实现一定的画面效果，在程序执行的时候，可以用来擦除显示在演示窗口中的文本、图形等内容。
- 等待图标（Wait）：可使程序暂停运行，等待用户做出某种操作，如单击鼠标或敲击键盘，或等待一段时间，然后程序才会继续运行。
- 导航图标（Navigate）：用来设计与任何一个附属于框架设计图标之间的一个定向链接。附属于框架设计图标的设计图标称为一页。运用导航图标，Authorware 会自动执行定向的链接页面。
- 框架图标（Framework）：一般与导航图标配合使用，主要用来建立和管理超文本和超链接的内容，提供内部导航的便利手段。
- 判断图标（Decision）：可以用于设置一种判定逻辑结构，完成一种判断功能。附属于该图标的其他图标被称为分支图标。利用判断图标不仅能决定分支路径的执行次序，还可以控制执行次数。
- 交互图标（Interaction）：该图标用于提供交互接口。附属于交互图标的其他图标称为响应图标。交互图标和响应图标共同组成交互作用的分支结构。
- 计算图标（Calculation）：主要进行程序的算术运算、函数运算及编写程序代码，它可以放在程序的任何位置。
- 群组图标（Map）：它可容纳实现某种功能的多个图标和自己的逻辑结构，从而使复杂的流程图更加简捷易读。
- 数字电影图标（Digital Movie）：用于将数字电影插入 Authorware 中，并可对播放进行控制。
- 声音图标（Sound）：在多媒体应用程序中插入声音文件，并可对播放进行控制。
- DVD 图标（Video）：在多媒体应用程序中导入视频文件，然后在视频播放器上播放。
- 知识对象设计图标（Knowledge Object）：知识对象是预先编写好的模块，能提供某种功能，如课程结构或学习策略等。可以根据需要导入合适的知识对象。
- 开始/结束标志（Start/Stop）：用来制定调试程序开始、终止位置。
- 图标调色选择板（Icon Color）：用户可以将流程线上的图标用不同的颜色表示。

8.2.3 菜单栏

Authorware 具有良好的用户界面，它的启动、文件的打开和保存、退出等这些基本操作都和其他 Windows 程序类似。Authorware 7 提供了 11 个菜单，如图 8-4 所示。

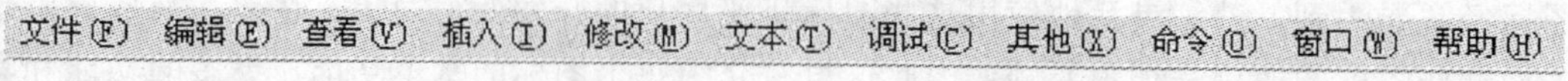

文件(F) 编辑(E) 查看(V) 插入(I) 修改(M) 文本(T) 调试(C) 其他(X) 命令(O) 窗口(W) 帮助(H)

图 8-4　Authorware 7 的菜单栏

由于这些菜单的设置同其他 Windows 应用程序的菜单设置类似，因此这里就不再详细介绍。读者可以参考 Authorware 自带的帮助文件或其他书籍。

8.2.4　程序设计窗口

程序设计窗口是 Authorware 的设计中心，Authorware 具有的对流程可视化编程功能，主要体现在程序设计窗口的风格上。通过将设计图标从图标栏中拖放到流程线上，可以设计出各种逻辑结构。嵌套的逻辑结构处于不同层次的设计窗口中，因此，一个打开的程序可以拥有一个或多个设计窗口。

程序设计窗口如图 8-5 所示，其组成如下：

- 开始/结束点：显示被编辑的程序开始/结束的地方。
- 主流程线：一条被两个小矩形框封闭的直线，用来放置设计图标，程序执行时，沿主流程线依次执行各个设计图标。
- 粘贴指针：一只小手，指示下一步设计图标在流程线上的位置。单击程序设计窗口的任意空白处，粘贴指针就会跳至相应的位置。

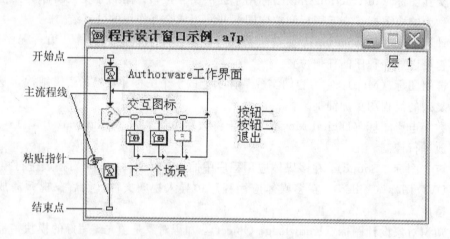

图 8-5　程序设计窗口图

Authorware 的这种流程图式的程序结构，能直观形象地体现教学思想、反映程序执行的过程，使不懂程序设计的人也能很轻松地开发出漂亮的多媒体程序。

Authorware 以特有的流程线来表示程序的流程，图标代表一个对象或操作方式，通过各类图标引入文字、图片、声音、动画等各类媒体，还可以容易地加上按钮进行交互控制。如果将一个个图标按一定的方法堆叠在流程线上，则构成了程序。完成一些特定功能的图标可以建成一个组，形成程序的一个功能模块。程序执行的方式一般是沿流程线从上至下，从左到右。图 8-5 实际上就是一个程序流程示例。

以上两部分内容简要地介绍了 Authorware 的基础知识和基本操作。由于篇幅限制，本章就 Authorware 的基本内容和主要功能作简单介绍，其他部分的内容和详细操作请读者自行参考其他资料。

8.3 Authorware 的动画功能

多媒体作品的演示效果中，动画往往比静止的文字和图片更具有表现力。Authorware 提供的移动图标可以控制演示窗口中的某些对象按照指定的路径移动，产生动画效果，从而制作出各种漂亮的多媒体程序。Authorware 提供的制作方法易学易用，且功能强大。当然，移动图标必须要与其他一些图标配合使用才可以创作出比较好的动画作品。虽然在 Authorware 中仅能制作二维动画，即动画的对象只能在一个平面内运动，但是可以通过文件插入的方式导入其他软件（如 Flash、3DS Max 等）制作的三维动画。

移动图标是 Authorware 中用来设计制作动画的重要工具。利用移动图标可以实现一些相对简单的二维动画，熟练掌握其 5 种运动形式则可以实现一些复杂的动画效果。

8.3.1 移动类型

移动图标的表现主要有 5 种运动形式：

1. 指向固定点的运动（Direct to Point）

这类运动方式是将移动对象从展示窗口中显示的初始位置沿直线移动到设置的目标点。这种移动方式最简单，也最常用。

2. 指向固定直线上某点的运动（Direct to Line）

这类运动方式是将移动对象从展示窗口中的初始位置沿直线移动到指定的某一个点，这个点可以由变量或表达式给出。

3. 指向固定区域内某点的运动（Direct to Grid）

这种方式是将运动对象由展示窗口中的初始位置开始，在设定的长方形区域内，沿直线移动到一个指定点。该点可以由两个变量或表达式给出。

Direct to Grid 移动类型的属性设置与 Direct to Line 移动方式基本相同，不同的是，目标点的位置范围由直线变为矩形区域。

4. 指向固定路径终点的运动（Path to End）

这种运动使移动对象可以沿设计的任意路径（如直线或用户设计的曲线等）到达终点位置。移动的起点和终点对应路径的两个端点，终点就是移动的目标点。在这种移动方式的 Motion 标签中，增加了"Move When"参数，用于输入表达式。

在这种方式中,移动路径的轨迹是用系统提供的两个标记来形成的,一个是圆点,用于产生圆弧,一个是三角形△用于产生折线,双击它们可以相互转换。对象移动的路径完全由设计者通过拖动对象而产生,系统运行时按照预定的轨迹移动对象。

5. 指向固定路径上的任意点(Path to Point)

这种运动方式,可以将选定的移动对象由固定路径的初始位置开始,沿已设定好的曲线移动到该曲线上的某一点。

与 Path to End 基本相似,Path to Point 移动使移动对象沿设计的路径到达指定的目标点,不同的是,移动的目标点可以是路径上的任意一点,而不必是终点,可以用表达式或者变量来表示其目标点。

8.3.2 动画设计步骤及属性设置

1. 创建移动图标

在流程线上创建移动图标时,只需要将移动图标从工具栏中拖动到流程线上即可。但是,在创建移动图标时,还需要注意到以下几点:

(1)移动图标本身并不包括移动对象,但是它可以设置其他显示对象进行移动,因此,移动图标应当放在移动对象的后面。

(2)一个移动图标只可以移动一个设计图标中的所有对象,所以要移动多个图标中的对象,就必须设置多个移动图标。例如,一个显示图标中包含了3个对象,当对其中任意一个对象设置移动属性时,就相当于对这3个对象同时进行移动属性设置。因此,被移动对象应当单独放在一个显示图标中。

在 Authorware 中,能成为移动图标中移动对象的内容包括:显示图标中静止的文字和图像,视频图标中的动画或影片,以及插入的 GIF 动画等。因此,在制作动画时,先要考虑好选定移动的对象或物体,并要将包含有移动对象的图标放在程序流程线移动图标的上方。

2. 设计步骤

一般来说,一个动画的设计步骤主要有以下几步:

(1)设置用于放映动画的演示窗口;
(2)创建动画的背景;
(3)将待移动的对象(如文本、图形等)放在一个单独的显示图标中;
(4)为上述显示图标创建一个移动图标;
(5)定义动画的移动类型、移动时间与路径等有关属性;
(6)运行调试,并保存动画文件。

在动画中,经常可以看到多个物体或对象同时按照不同的方式运动,产生了很好的视觉效果。如果明白动画形成的原理,实现这样复杂的动画效果设计也并不十分困难。

在多媒体动画中,多个对象的运动其实是由单个的运动来组成的,所以说,多个动画的设计实际是对单个动画对象设置的延伸。对象的运动是通过移动图标的设置来实现的。

多个移动图标可以作用于一个显示对象,并且可以使用不同的移动方式。但是,在同一时间,一个移动图标只能对应一个显示对象的运动。所以,如果将多个对象放在不同的显示图标里,然后用多个移动图标分别来控制这些显示图标中的对象,这样就可以实现多个对象的复杂动画。

3. 属性设置

前面已经介绍了移动图标的 5 种运动类型,这里再简要介绍移动图标的其他属性设置。移动图标的属性设置对话框如图 8-6 所示。

图 8-6　移动图标的属性设置对话框

(1) 层

在层文本框中可以输入一个数值,该值用于确定移动对象在屏幕上出现时所在的层。

(2) 定时

用于设置移动对象在演示窗口中的运动速度,包括时间和速率。

(3) 执行方式

包括以下三种方式:

- 等待直到完成:播放完移动图标后,再去执行流程线上的下一个图标。
- 同时:使当前的移动图标与流程线上的下一个图标同步执行,如用该项可以给动画配置背景音乐等。
- 永久:反复执行移动图标,直到移动对象被擦除或其他移动图标控制了该对象时才终止移动作用。

(4) 基点

设置移动的初始位置。

(5) 目标

设置移动的目的地。

(6) 终点

设置移动的终点。

8.3.3　动画设计实例

下面用一个实例来说明动画设计的一些基本做法。

1. 问题说明

实现两个对象在窗口中的同时移动。

2. 制作步骤

（1）正式制作之前，首先要准备好一些素材，比如演示的背景、动画中的移动对象图片、背景音乐以及对象移动路线的设计等。

在每次创作之前，都要考虑作品演示时界面的大小、背景图片的大小、移动对象的大小等。一般在开始时就要对作品界面的大小做出设置。

基本做法是：准备好以上素材后，新建一个 Authorware 7 文件，右键点击程序设计窗口，在弹出的菜单中选择"属性…"，在屏幕下方打开的文件属性设置对话框中选中"回放"选项卡，在"大小"下拉列表框中选择"800×600（SVGA）"，具体设置如图 8-7 所示。

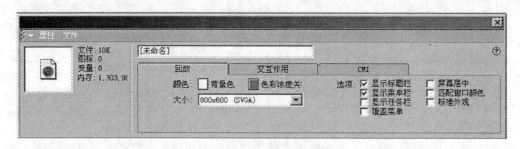

图 8-7　文件属性设置对话框

（2）将一个显示图标从图标栏拖放到主流程线上，将显示图标右上角的"未命名"改为"背景"，即对显示图标命名。

（3）双击该显示图标，系统会打开一个演示窗口。再点击菜单栏中的"插入"菜单项，选择其中的"图像…"，系统会弹出图像插入对话框。点击其中的"导入…"按钮，然后找到要用做背景的图片，确定即可。此时的对话框如图 8-8 所示。再将图片拖动到演示窗口的合适位置。

图 8-8　背景图片导入对话框

(4) 再从图标栏中将一个显示图标拖放到主流程线上,命名为"太阳"。双击该图标,弹出一个演示窗口,然后按照第(3)步的方法,将图片 sun.jpg 导入到这个窗口。导入时,注意将对话框中的模式设定为"透明"模式,再将该图片拖放窗口的合适位置,如图 8-9 所示。

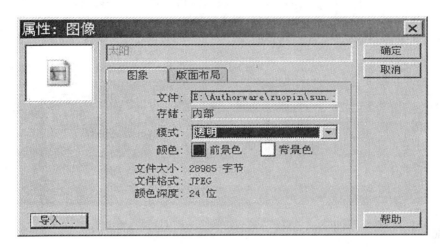

图 8-9 第一个移动对象"太阳"导入对话框

这幅图片就是要运动的对象之一。为了使显示效果好一些,所以设定为透明模式,而且它最终放置的地方一般就是运动的起点。当然,不一定要导入图片,使用浮动工具栏中的工具来画一幅图像也是完全可行的。

(5) 为了使演示效果更好一些,第二个移动对象选择的是一幅 GIF 图片。将"粘贴指针"指向第 2 个显示图标的下方,然后单击菜单栏中的"插入"菜单项,选择其中的"媒体",在其右边的三个选项中选择"Animated GIF..."。

在弹出的对话框中,点击"Browse..."按钮,然后找到想用做第二个移动对象的 GIF 图片,确定即可。再将"Media"后面的复选框选中,如图 8-10 所示。单击确定,这

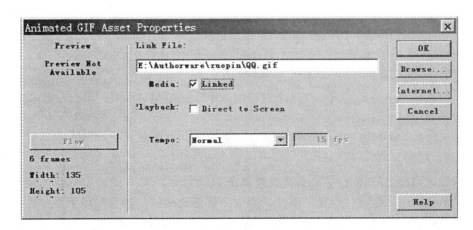

图 8-10 第二个移动对象"企鹅"导入对话框

时就可以发现主流程线上多了一个图标，这个图标就是用于显示 GIF 图片的。

双击新出现的这个图标，打开一个功能图标的属性设置对话框，选中"显示"选项卡，再将其中的"模式"设定为"透明"模式。

(6) 拖动一个移动图标放到主流程线上，命名为"太阳的移动"。

(7) 先双击"太阳"显示图标，打开其演示窗口。再双击移动图标，将会弹出移动图标的属性设置对话框。注意，此时对话框的右上角有一个"单击对象进行移动"文本框，文本框是空白的、灰色的，如图 8-11 所示。

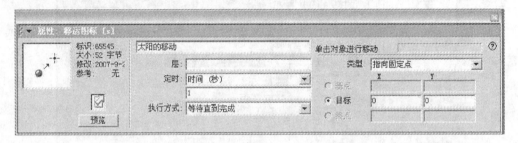

图 8-11 "太阳"的移动属性设置对话框初始情况

用鼠标单击演示窗口中的图片"太阳"，可以看到移动图标的属性设置对话框已经发生变化，右上角的内容变为"拖动对象以创建路径 太阳"。这表明已选中要移动的第一个对象。接下来，在"类型"下拉列表框中选择"指向固定路径的终点"，将时间设为"10"，在"执行方式"下拉列表框中选择"同时"，如图 8-12 所示。

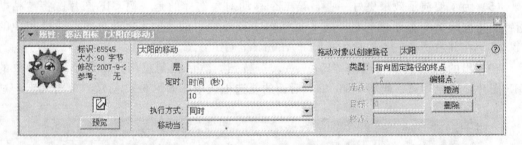

图 8-12 "太阳"的移动属性设置对话框最终情况

(8) 用鼠标选中演示窗口。在这个窗口中，用鼠标拖动"太阳"图片在窗口中形成一条移动路径，如图 8-13 所示。

(9) 再拖放一个移动图标到主流程线上，命名为"企鹅的移动"。

(10) 按照第 (7) 步和第 (8) 步的方法，选中移动对象"企鹅"，将其移动类型设定为"指向固定路径上的任意点"，具体设置如图 8-14 所示。

在演示窗口中，拖动"企鹅"图片，形成一条移动路径，如图 8-15 所示。

(11) 到此，一个简单的动画设计就完成了。单击"运行"按钮，可以看到其演示效果。最后的效果图如图 8-16 所示。

第 8 章 基于流程的创作工具 Authorware

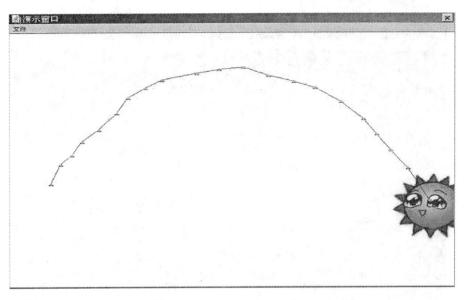

图 8-13 "太阳"的移动路径设置

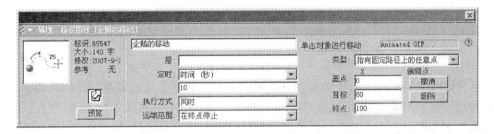

图 8-14 "企鹅"的移动属性设置对话框

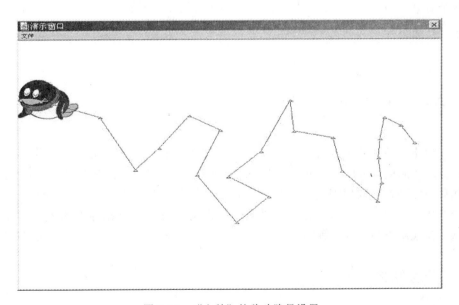

图 8-15 "企鹅"的移动路径设置

167

图 8-16 动画设计的演示效果图

3. 讨论

尽管同时实现了两个对象的移动,这里的动画设计还是比较简单的,而且也只用到了两种移动类型。但这里同时也介绍了如何在 Authorware 中导入 GIF 动画的方法。实际上,导入 Flash 等动画的方法与此类似。在比较复杂的大型动画设计中,一般还要涉及相关的编程知识。比如这里设定的两个对象是同时执行的。如果要求一个先执行一个后执行或者两个对象按照一定的关系来执行时,就要涉及编程或更复杂的设置。这些更高级的应用和要求大家可以参考 Authorware 自带的帮助文档、ShowMe 演示文件或其他相关图书等。

8.4 Authorware 的交互功能

交互功能是 Authorware 的又一个显著特点。交互的主要作用是,使多媒体作品可以向用户演示作品的部分内容,同时也允许用户通过键盘、鼠标等方式向该作品传递一些信息,然后该作品就可以根据这些信息做出反应,按照用户的要求展示作品内容。一般来说,交互功能主要指通过单击按钮、键盘、输入文本或单击对象等方式来控制程序的流程,从而实现用户参与的一种功能。Authorware 专门设置了交互图标来实现交互功能。

8.4.1 交互结构

Authorware 系统中,交互结构是由一个交互图标和下挂在它下面的若干个其他图标组成的。通常包括四个部分，即交互图标、响应类型符号、交互响应分支路径和响应图标，如图 8-17 所示。

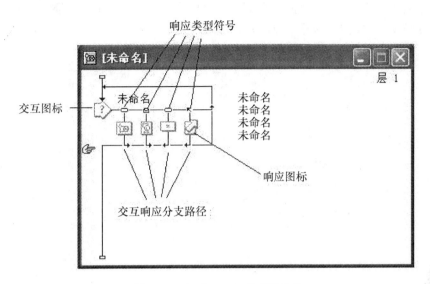

图 8-17 Authorware 的交互结构

交互图标是交互作用结构的基础和核心。实际上，交互图标本身并不具有交互性，它是一种逻辑性的图标，但它是创作交互的基础，能实现显示图标的所有功能，可以对它进行文本的输入和编辑、图像的导入和处理等操作，它在整个交互过程中只是实现交互的统一管理。

一个交互图标下可以同时放置多个响应图标，而且每个响应图标的响应类型可以是不同的，其中每个响应图标都和交互图标构成一个交互响应分支路径。

响应类型符号也称为交互类型，它是不能独立存在的，只能存在于交互结构中。

一般情况下，交互图标由显示图标、判断图标、等待图标和擦除图标等共同组合而成。也就是说，将这些图标结合在一起，共同作用，才可以形成一个交互式结构，才能完成某项功能或操作。

在这个组合中，显示图标可以显示交互图标中的文字或图片等，以及一些附属信息，如按钮或文本输入等。判断图标是在与用户进行交互以后，判定要执行的分支。与用户交互之前，需要暂时停下来，等待用户的响应，这就要用到等待图标。为了使演示效果更加合理美观，在执行一定操作后，要将前一个场景中的内容擦除，因此也要用到擦除图标。也就是说，这些图标就是按照上面所描述的方法按照自己的功能适时地结合在一起的。

8.4.2 交互图标的创建与响应

交互图标的创建很简单，只需要用鼠标将其从图标栏中拖放到主流程线上指定的位置，然后按照需求命名即可。

Authorware 7 中的交互图标有 11 种响应类型。不同的响应类型对应不同的响应类型符号，这也决定用户对何种交互操作进行响应。而且，在交互图标的右侧，还可以设置很多分支，使程序的跳转更复杂，功能更加强大。一般的做法是，将一个交互图标拖放至流程线上，命名为"交互"，然后把其他图标（如显示图标等）放到其右侧，这时便会自动弹出"交互类型"对话框，如图8-18所示。

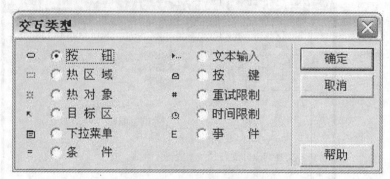

图8-18 交互类型对话框

1．按钮响应（Button）

按钮是在交互式应用程序中应用得相当普遍的一种交互式手段。利用按钮响应可以在屏幕上创建按钮、单选按钮和复选框等元件。

2．热区域响应（Hot Spot）

热区域是一种放置在各种对象包括图像和电影的上方不可见的边界，当用户单击该区域、双击该区域或鼠标移到该区域时将会触发响应。

3．热对象响应（Hot Object）

热对象响应是指一个特殊的对象，当用户对此对象进行触发操作时，就可以执行相应的内容。

4．目标区响应（Target Area）

目标区响应是要求把交互对象移动到特定的一个区域，当对象达到目标区域就完成交互并匹配，然后程序就会执行相应的分支。

5．下拉菜单响应（Pull-down Menu）

下拉菜单是用菜单的形式来进行交互的一种响应手段。用户可以通过选择出现在演示窗口左上角的下拉菜单中的菜单项来触发响应。

6．条件响应（Conditional）

设计者要制定一个条件，当这个条件满足后就会执行对应的响应分支。

7. 文本输入响应（Text Entry）

文本输入响应也是应用得比较普遍的一种交互式手段。用户可以在演示窗口的文本输入区输入文本内容（如用户名、密码等）。当输入的内容与要求的内容匹配时，程序执行相应的操作。

8. 按键响应（Keypress）

按键响应是指当用户按下指定的按键后，程序就会执行对应的响应分支。这种交互方式适用于为用户提供特殊功能键以控制持续的运行。

9. 重试限制响应（Tries Limit）

用于设置响应交互的次数，它要与其他交互方式结合使用才能产生需要的效果。

10. 时间限制响应（Time Limit）

用于限制用户进入交互的时间，它要与其他交互方式结合使用才能产生需要的效果。

11. 事件响应（Event）

事件响应一般是使用 Active X 控件时才使用的。它可以为控件设置属性并执行对应于控件的事件。

8.4.3 交互图标的属性设置

右键单击流程线上的交互类型按钮，选择"属性..."，弹出交互图标的属性对话框，如图 8-19 所示。要使交互图标实现与用户的交互操作，必须合理设置交互图标的属性。

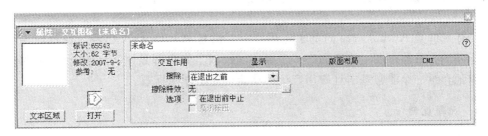

图 8-19　交互图标属性设置对话框

这个属性设置对话框一共有 4 个选项卡，分别是交互作用、显示、版面布局和 CMI。这里只介绍每个选项卡中最主要的选项。

1. 交互作用选项卡

擦除：其作用是询问是否擦除交互图标显示的文字、图形和图像等，有三个选项：

● 在退出之前：选择该条件，Authorware 在退出交互图标后，将交互图标显示的内容全部擦除。
- 在下次输入之后：选择该条件，当其他任何一个交互图标被激活时，便擦除当前交互图标所显示的内容。
- 不擦除：选择该条件，Authorware 就不会擦除该交互图标中的内容，除非用擦除函数或擦除图标才能擦除。

2. 显示选项卡

这主要是设置交互图标对象的显示层次、显示特效以及显示时的一些其他属性。

3. 版面布局选项卡

用户可以根据需要对位置和可移动性进行设置。

4. CMI 选项卡

CMI 选项卡提供了计算机管理教学系统方面的属性，简称 CMI 系统。

在 Authorware 7 中，CMI 选项卡中的一些内容将成为系统函数 CMIAddInteraction()的参数，然后通过该函数向用户的 CMI 系统传递在交互过程中收集到的信息。

8.4.4 交互响应分支图标的属性设置

前面已经讲到，实现交互功能，不仅要有交互图标，还要有与交互图标共同作用的其他图标，如显示图标、判断图标等。也就是说，交互功能有两个重要的属性要设置，一个是上面讲到的交互图标的属性设置，另一个是要对附属于交互图标的这些图标，即响应分支的图标，进行属性设置。这部分的具体设置，在后面的实例中再具体地解释和说明。

8.4.5 交互设计实例——选择题的制作

制作课件是 Authorware 的基本应用之一，而且 Authorware 已经广泛地应用于多媒体教学领域。目前市场上流行的许多多媒体辅助教学光盘都是用 Authorware 制作的。下面简单地介绍一个非常基本且应用广泛的功能——制作选择题。

1. 问题说明

制作关于多媒体基础知识测验的单项选择题。完成后运行的工作界面如图 8-20 所示。

2. 制作步骤一

（1）新建一个 Authorware 7 文件，然后将"交互图标"拖放到主流程线上，命名为"选择题"。接着双击"交互图标"，屏幕上就会弹出一个演示窗口。

（2）选择屏幕左边浮动工具栏中的"文本"按钮，在演示窗口中输入图 8-20 中所显示的内容。注意：输入的时候，最好是每一行文字都重新使用一次"文本"按钮，不要一次性把内容全部输入，因为一次性全部输入后，不便于对界面中的内容进行排版。

第 8 章 基于流程的创作工具 Authorware

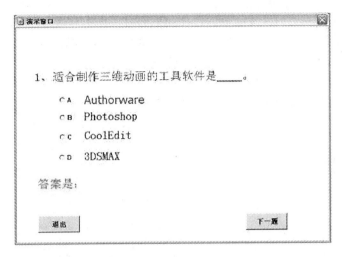

图 8-20　交互设计完成的工作界面

（3）将计算图标拖放到交互图标的右边。这时系统会弹出响应类型对话框，即 11 种交互响应类型。选择"按钮"响应，单击"确定"，演示窗口中就会显示一个计算图标，然后将计算图标命名为"A"。此时程序设计窗口中的内容如图 8-21 所示。

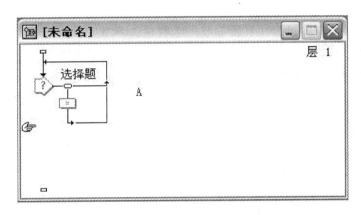

图 8-21　程序设计窗口示意图

（4）双击计算图标上面的小按钮，就会打开"交互图标〔A〕"的属性设置对话框，如图 8-22 所示。

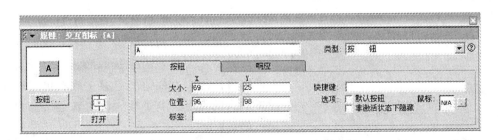

图 8-22　交互图标〔A〕的属性设置对话框

173

（5）单击对话框左边的"按钮…"，在弹出的对话框中对这个按钮的类型进行详细的设置，如设置按钮的风格、形状、文字字体等。这里选择"标准 Windows 收音机按钮系统"，然后单击"确定"即可，如图 8-23 所示。

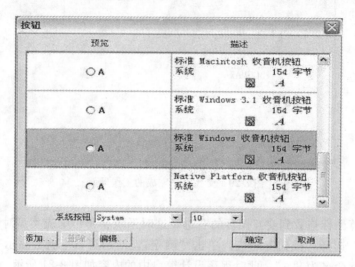

图 8-23　按钮类型设置对话框

（6）再从图标栏中拖三个计算图标和一个群组图标放到计算图标"A"的右边。注意：这个时候不会弹出交互响应类型对话框了，因为系统自动将响应类型设定为按钮响应。依次分别将这几个图标命名为"B"、"C"、"D"和"answer"。

（7）双击计算图标"A"，会弹出一个关于该图标的编辑窗口，在其中输入以下内容：

Checked@ "A":=1

Checked@ "B":=0

Checked@ "C":=0

Checked@ "D":=0

answercomment:="Authorware 比较适合做二维动画"

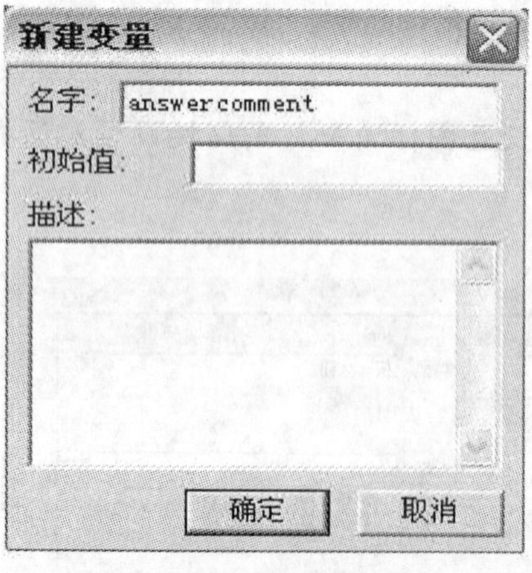

关闭该窗口，系统会弹出一个对话框提示是否保存对计算图标"A"的修改，确认之后，又会弹出一个"新建变量"对话框，如图 8-24 所示。

在"初始值"后的文本框里输入变量 answercomment 的初始值："请选择正确的答案"，目的是提示用户还没有选择。当然，可以将这个值设定为自己认为合适的内容，或者也可以不必设置，这里使用这个变量的目的就是给用户一些提示信息而已。

图 8-24　新建变量初始值设置

说明：系统变量"Checked@ "A":=1"意思是

设按钮"A"为按下状态,"Checked@"B":=0"意思是设按钮"B"为未被按下状态。自定义变量"answercomment"是对用户的选择进行判断,选择A,该变量值为"Authorware比较适合做二维动画",这是动态出错提示信息,可以使用户知道错误的原因。

(8) 同样,对计算图标"B"、"C"、"D"进行类似的输入与设置。例如,计算图标"D"的编辑窗口示意图如图8-25所示。

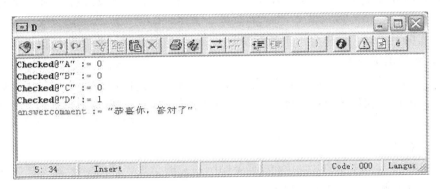

图8-25 计算图标"D"的编辑窗口示意图

(9) 双击群组图标"answer"上面的小按钮,打开"交互图标[answer]"的属性设置对话框。在"类型"下拉列表中,将其响应类型改为"热区域"。然后就可以发现"answer"图标上面的小按钮发生了变化,变成了虚线框。

(10) 此时,演示窗口中就出现了一个虚线框,这个虚线框就是用于设置热区域位置的,也就是说,当用户点击的范围在这个虚线框以内,系统就会执行相关的操作,将其拖放到"答案是:"这个文本上面,与其重叠。虚线框的大小也是可以调整的,一般要与其对应的文本大小一致。

(11) 双击群组图标"answer",将会弹出一个新的程序设计窗口,这是第二层的设计窗口。然后分别将一个计算图标和一个显示图标拖放到流程线上,并分别命名为"判断"和"答案",如图8-26所示。

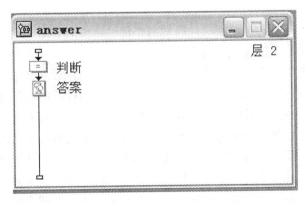

图8-26 第2层的程序设计窗口示意图

说明：这个群组图标的作用就是要对用户刚刚作出的选择进行判断，并给出正确的答案。

（12）双击"判断"图标，在弹出的编辑框中输入以下判断语句：

if (Checked@"A"= 0 & Checked@"B"= 0 & Checked@"C"= 0 & Checked@"D"= 0) then answer:=" "

该语句的作用就是如果 A、B、C、D 这四个答案都没有被选择，则不显示正确的答案。

在关闭编辑框时，同样会出现新建变量 answer 的对话框，将其初始值设为"正确答案是 D"，然后确定即可。

（13）双击"答案"图标，弹出一个新的演示窗口，其作用是用于显示正确答案和提示信息的。因此，在该窗口中，使用浮动工具栏中的"文本"按钮，然后输入以下文字：

{answer}

{answercomment}

显然，answer 和 answercomment 都是刚刚建立的变量。注意，一定要用大括号括起来，因为这样实际显示的才是变量的值。

（14）到此，单项选择题的制作就基本结束了。可以点击工具栏中的"控制面板"按钮，再点击控制面板中第一个按钮——运行按钮，然后就可以看到刚刚制作的单项选择题的演示了。

需要提醒的是，在演示的过程中，常常会发现刚制作作品的界面不好看，很多对象没有对齐，或是有重叠的地方，这主要是因为在制作的过程中，所有的对象不是一次性设定完成的，需要一步一步地添加，而在添加的时候不好把握添加的位置，因此显示的时候就显得有些混乱。

所以，在这里使用的是"控制面板"按钮，目的就是可以在中途让程序随时暂停下来，调整各个对象在窗口中的位置。调整的时候，可以用"浮动工具栏"中的"选择/移动"按钮来分别调整每一个对象。如果要使某些对象对齐，则可以按住 Shift 键同时选中多个对象，然后再使用快捷键 Ctrl+Alt+K 打开对象对齐面板，并进行设置。

3. 制作步骤二

在上述制作步骤一中，对单项选择题的制作作了详细的介绍。但是，如果仔细研究一下，可以注意到这只是一道选择题的简单制作，如果是多道选择题呢？比如，在一个测验中往往会有若干道选择题，因此，这里继续上面的介绍，看看多道选择题的制作。

实际上，只要一道选择题的制作掌握了，那么多道选择题的制作基本上就是这一道选择题的重复工作了，当然，题目中的内容是要发生变化的。下面看看其简单的制作步骤：

（1）从图标栏中拖放一个交互图标到主流程线上，然后将其命名为"第 2 题"。

（2）然后按照步骤一中第（2）、（3）步，打开演示窗口，在其中写入第 2 题的内容。

（3）此时单击工具栏中的"运行"按钮，可以发现，系统只会演示第 1 题的界面，而不会出现第 2 题的界面，而且好像也没有办法进入第 2 题。也就是说，设置一种进入第 2 题的方法，这是一个需要注意的问题。

（4）从图标栏拖一个计算图标和一个群组图标放到第一题的群组图标"answer"的

右边，分别将它们命名为"退出"和"下一题"，并将它们设定为"按钮"响应。

（5）双击"退出"图标，在打开的编辑窗口中输入 Quit（），然后关闭窗口，确认。

（6）双击"下一题"图标，在打开的新的程序设计窗口中，将一个擦除图标和一个计算图标拖放到流程线上，分别命名为"擦除"和"下一题"。然后双击第1题交互图标，在打开的演示窗口中，将这两个按钮拖动到合适的位置。

（7）双击"擦除"这个擦除图标，在打开的演示窗口中，用鼠标左键单击要擦除的内容。这是为了使演示效果更好而做的。比如，这里将所有的内容都擦除，就可以把所有的内容都点击一下，然后可以发现这些内容在演示窗口中消失了，而此时"擦除图标"的属性设置对话框如图8-27所示。

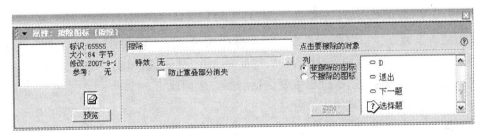

图 8-27　擦除图标属性设置对话框

（8）双击"下一题"这个计算图标，在打开的编辑窗口中输入"GoTo（@"第2题"）"，然后关闭，确认。

（9）双击第1层中"下一题"这个群组图标（注意不是第（8）步中的计算图标）上方的小按钮，打开"交互图标［下一题］"的属性设置对话框。选择其中的"响应"选项卡，在"擦除"的下拉列表框中选择"在退出时"，在"分支"的下拉列表框中选择"退出交互"，如图8-28所示。

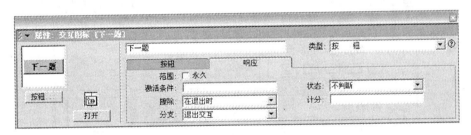

图 8-28　交互图标［下一题］的属性设置对话框

（10）再单击"运行"按钮，就发现可以正常演示了，而且点击"下一题"按钮就可以出现第2题的界面，也可以正常退出。

（11）再进入到第2题，将一个计算图标拖放到第2题的交互图标的右边，然后按照前面所用到的方法，将其改名为"A"。

注意：这个时候会发现系统出现错误提示了，它不允许将这个计算图标命名为"A"。提示如图8-29所示。

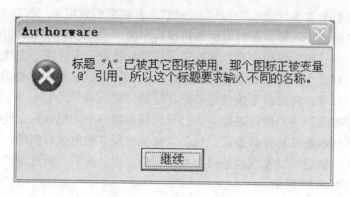

图 8-29　错误提示

提示的含义就是说,像选择题的这种选择按钮 A、B、C、D 等,一旦被某个函数或变量引用了该图标,如 Checked@"A":=1 表明按钮 A 已经被引用了,那么就不可以再定义名称相同的按钮。这是在制作过程中要注意的第二个问题。

解决这个问题的一个简便方法就是使用"--(1)"这样的注释形式。

返回到第 1 题,在需要显示的按钮或图标名称的后面,加上注释即可。例如,将"A"改成"A--(1)",将"answer"改成"answer--(1)"等。

将第 1 题的各个图标名称改完之后,再将第 2 题的这个计算按钮命名为"A--(2)"。注意,后面的按钮也要这样设置。另外,变量的名称也要发生变化,如第 1 题中设置了两个新变量 answer 和 answercomment,在第 2 题中就可以将其改为"answer2"和"answercomment2"。

(12) 最后,就可以完全按照在制作步骤一中的方法来制作后面的内容了。由于后面的步骤就完全是步骤一的重复,所以这里请大家自行去实验一下。

最后完成的程序设计的主窗口如图 8-30 所示。

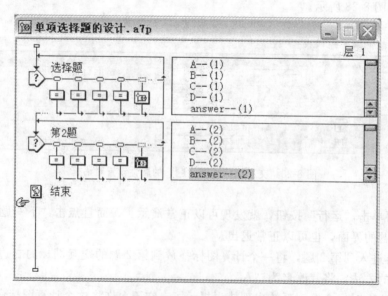

图 8-30　程序设计的主窗口示意图

4. 讨论

至此，关于选择题的制作就全部介绍完了。应该说，这里虽然把这个任务完成了，但还是比较粗糙的，还有许多问题需要完善。例如，如何记分？而且这里可以选择多次也是需要改进的。再如，在一个大型的考试系统中，题目往往是通过调用题库中的题目来自动实现的，那么在 Authorware 中是如何实现的呢？这就涉及 Authorware 的高级应用。这种情况一般需要实现自动调题，通过对数据库或记事本进行相关操作来实现。这里由于篇幅的限制，这里不再一一介绍，请大家参考其他书籍和帮助文档。

8.5 变量和函数

变量与函数是 Authorware 中的重要组成部分。变量和函数的应用使 Authorware 程序编写变得非常灵活。利用 Authorware 提供的系统变量与函数可以方便地完成许多复杂的控制任务，如程序跟踪、用户交互等。当然，用户也可以根据需要自定义变量与函数。

8.5.1 变量

变量是程序设计语言中非常重要且很灵活的一种数据表现形式。它由值和变量类型共同组成。变量就是在程序执行过程中其值可以改变的量，可以利用变量存储程序执行过程中涉及的数据。

Authorware 中的变量主要有两种：

一种是系统变量，即由 Authorware 自身已经定义好的变量，用户无需定义就可以直接使用。主要用于跟踪交互图标、框架图标、文本、图形、网络、时间、视频等多方面的信息。很多系统变量都可以通过使用"@"符号来获取特定设计图标的信息。例如，IconID，在计算图标的编辑窗口中使用或嵌入在文字对象中时，可以返回该图标的 ID，而与"@"符号共用时（如 IconID@ "title"），则返回其后面设计图标的 ID。

另一种是用户根据实际需要自己定义的变量，即自定义变量。通常用于存储计算结果或系统变量无法存储的信息。自定义变量的创建要遵循规范，其名称不能与系统变量名相同，而且只能以英文字母和下划线"_"开始。

Authorware 中共有 236 个系统变量，为了使用方便，分为 11 个类别，分别是 CMI、决策、文件、框架、常规、图形、图标、交互、网络、时间和视频。

1. 变量类型

根据变量存储数据的类型不同，Authorware 中的变量可以分为 7 种类型：

（1）数值型变量

用于存储数值。数值可以是整数、小数，或者是代表数值的表达式。

(2) 字符型变量

用于存储字符串信息。字符串由一个或多个字符组成，这些字符可以是英文字母、汉字、数字、特殊符号（如#，&）的组合。注意，在 Authorware 中使用字符串时，必须用双引号将该字符串括起来。例如，"2008/2/20"、"http://www.baidu.com"等都是字符串。

(3) 逻辑变量

用于记录 True 或 False 两个值。例如，在激活或取消某个按钮或某个选项的设置时，逻辑变量就可以发挥作用。

(4) 列表变量

用于存储一组数据或变量值。Authorware 系统支持两种类型的列表变量：

- 线性列表：每个元素都是一个单独的值。例如，
  [1，2，3,"A","B","C"]
- 属性列表：每个元素都由属性说明和属性值组成，两者之间用冒号隔开。例如，
  [# Product Name: "Computer", # ID: "2008001", # Num: "158"]

(5) 符号变量

用于保存一个以"#"开头的字符串或其他数值。它的处理速度要比字符变量的处理速度快。例如，

Name:=#Computer

字符变量：

Name:="Computer"

它们的实际值是不同的。

(6) Rect 变量

仅用于保存系统函数 Rect 返回的数值。例如，MyRectVal :=Rect(30,30,60,80)，这就是一个 Rect 变量，系统函数 Rect 定义了一个矩形，也可以定义一个点。

(7) Point 变量

用于保存由系统函数 Point 返回的一个点的位置。它在设置像素的位置时非常有用。例如，

MyPoint:=Point(43, 58)

2. 变量对话框

选择菜单 Windows → Variables，打开变量对话框，如图 8-31 所示。在对话框中，可以看到系统变量和自定义变量，并显示了所有变量的多种信息，如初始值、当前值、变量描述等。通过这个对话框，可以进行创建新变量、重命名、删除自定义变量、更改变量值、跳转到使用某一变量的图标处等操作。

在上述对话框中，"Category；General"表示分类列表框，其中包括了所有的系统变量和自定义的变量；"Referenced By"是变量引用框，它将当前程序中所有使用该变量的图标都列举出来，可以选中一个图标，单击"Show Icon"按钮，直接在流程线上定位该图标。

如果要创建一个新变量，则可以在 Category 下拉列表框中选择 Untitled，然后单击

"New"按钮，将会弹出一个新变量对话框，如图 8-32 所示，它表示创建了一个新变量"Math_score"，其初始值是 0。

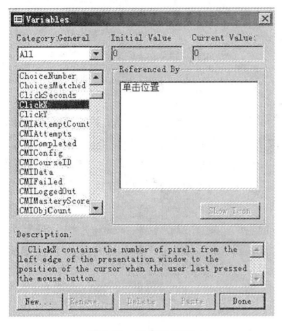

图 8-31　变量对话框

图 8-32　新变量

3．变量的使用

变量主要用于三种场合：计算图标、对话框和显示图标。一般情况下，使用变量的步骤如下：

(1) 在程序流程中选择要使用变量的位置：

- 计算图标中：在流程线上选择要进行编辑的计算图标，双击打开该图标的输入窗口。
- 对话框中：打开对话框，将光标定位在对应的位置上，即要使用变量的选项框内。
- 显示图标中：在显示图标某一位置上嵌入变量，在该位置上输入一对大括号 {}，再将光标定位在两个大括号之间。注意：在显示图标中，变量名必须放在大括号之中，否则 Authorware 会认为它是一个文本对象。如果是利用变量对话框中的 Paste 功能，变量可以自动地用大括号 {} 括起来；如果是手动输入变量，则要手动添加大括号 {}。

(2) 将光标定位在要使用变量的地方。例如定位在计算图标中的某个表达式或某个系统函数等位置。

(3) 选择菜单 Windows → Variables，或者直接使用快捷键 Ctrl＋Shift＋V，打开变量对话框。

(4) 在"Category：General"中选择该变量的类型，然后在滚动列表框中选择要使用的变量。

（5）单击"Paste"按钮，将变量粘贴到计算图标中的指定位置。

（6）单击"Done"按钮，关闭变量对话框，结束操作。

8.5.2 函数

函数通常用于执行一组特定的操作，完成相应的功能。与变量类似，Authorware 的函数也分为系统函数和自定义函数两类。

系统函数是 Authorware 自带的一套函数，可以用于对文本、文件、框架、时间、图标、视频和计算机管理教学等进行操作，且每个系统函数都有其固定的参数与格式。利用 Authorware 7 的系统函数可以实现以下功能：操纵文本和文件，控制和响应浏览结构，播放和同步媒体，绘制对象和操纵图形，在文件之间跳转，启动其他程序，完成算术功能。

自定义函数要比自定义变量复杂，需要有一定的编程经验和技巧，而且可能要用到 Windows 动态链接库。然而对于一些系统函数无法完成的任务，用户可以自己定义一个函数来完成。

1. 函数对话框

选择菜单 Windows→Functions，打开函数对话框，如图 8-33 所示。

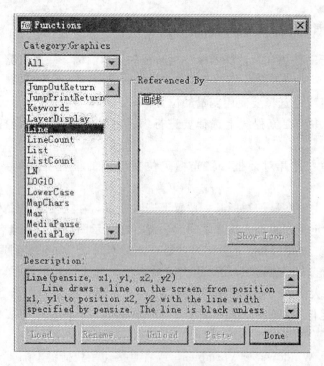

图 8-33 函数对话框

同变量对话框一样,函数对话框将系统函数、自定义函数以及相关信息都显示出来,也可以对函数进行加载、重命名、删除自定义函数、跳转等操作。

2. 系统函数的使用

系统函数的使用步骤一般如下:
(1) 在程序流程中选定需要使用的系统函数的位置。
(2) 选择菜单 Windows→Functions,打开函数对话框。
(3) 从 Functions 对话框的"Category：Graphics"中选择需要的函数类型,要使用的函数将归属于该类别。
(4) 从滚动列表框中选择需要的函数,然后单击"Paste"按钮。
(5) 在紧接函数名后的圆括号中插入函数所需要的参数信息。

3. 应用实例

假设一个课件要求绘制一条抛物线 $Y=0.05X^2$,其具体实现步骤如下:
(1) 打开 Authorware,新建一个文件,并命名为"parabola.a7p"。
(2) 在流程线上添加一个显示图标,并命名为"绘制抛物线"。
(3) 打开"绘制抛物线"图标,在其中输入文本"函数 $Y=0.05×X^2$ 的图像"。
(4) 再添加两个显示图标,分别命名为"X轴"和"Y轴",并分别打开这两个图标,在其中输入"X"、"Y"。
(5) 在流程线上添加一个计算图标,并命名为"抛物线"。
(6) 双击该图标,将会打开相应的编辑窗口,在其中输入有关抛物线的代码,如图8-34所示。图8-35是该实例的流程图。

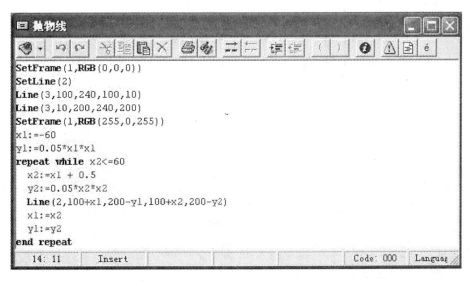

图 8-34 抛物线的计算图标编辑窗口

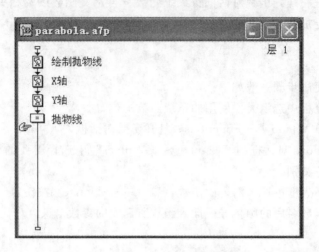

图 8-35 抛物线实例的流程图

图 8-36 是该实例的运行效果图。

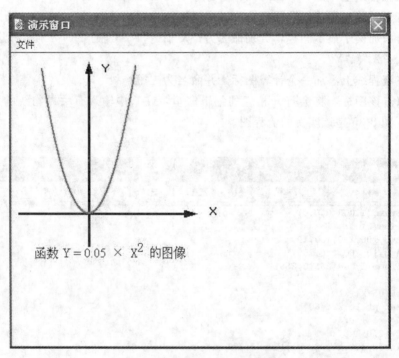

图 8-36 抛物线实例的运行效果图

8.5.3 编制脚本语句

　　Authorware 中的脚本语句就是指将变量、函数和表达式组合起来,并且在 If...Then 或 Repeat 循环语句的控制下完成一定复杂运算的程序语句。这些语句只能应用于计算窗口。

1. If... Then 语句

这个语句是典型的条件判断语句,它根据条件判断的结果来执行对应的代码。条件语句由条件、任务和一些关键字组成。根据条件和任务的多少,可以分为判断单一条件语句和判断多个条件语句。

它的语法格式为:

If 条件表达式 Then
    其他语句
EndIf

这个语句通常还会与 Else 结合在一起使用,其语法格式为:

If 条件表达式 Then
    语句一
Else
    语句二
EndIf

该语句还可以嵌套使用。

2. Repeat 语句

循环判断语句可以在条件仍然满足的情况下重复执行某一段程序代码。这段重复执行的代码通常被称为循环体。Authorware 支持的循环语句结构都以 Repeat 开头,以 End Repeat 结束。

在 Authorware 中,Repeat 语句通常有三种语法形式:

- Repeat with
- Repeat with X in List
- Repeat while

(1) Repeat with 的语法结构

Repeat with counter:=start [down] to finish
    Statements
End Repeat

例如,编制一个程序使其能够连续发出蜂鸣声 100 次。

Repeat with k:=1 to 100
    Beep ()
End Repeat

(2) Repeat with X in List 的语法结构

Repeat with variable in List
    Statements
End Repeat

例如,将 List 列表变量中的值逐一相加。

```
List:=[ 1,2,3,4,5,6,7,8,9,10 ]
Sum:=0
Repeat with X in List
    Sum:=Sum+X
End Repeat
```
(3) Repeat while 的语法结构

```
Repeat while condition
    Statements
End Repeat
```
例如，以下程序实现逐步增加计算。
```
t1=10
t2=0.5
Repeat while t2<=t1
    t2:=t2+0.5
End Repeat
```

8.6 发布作品

8.6.1 源文件打包

Authorware 7 制作的程序是以 .a7p 为扩展名的，并非 .exe 可执行文件格式。这样的文件都是一种可编辑的程序，是不能在市场上发行的，而且作品如果是一个 .a7p 文件，那么想使用它，用户就必须拥有一套 Authorware 软件。

而创建多媒体应用程序的最终目的是让用户使用它，并且能在 Windows 环境下运行。开发软件的最后步骤就是制作可发行的软件，即将源文件打包、发行。

所谓"打包"就是将制作好的 Authorware 程序生成脱离 Authorware 开发环境可以直接运行的应用程序。也就是说，一个 Authorware 项目被打包后，就将生成一个独立的、可执行的文件，它能够在其他计算机上运行，而不需要 Authorware 系统的支持。

所谓"发行"，就是使开发好的软件脱离开发环境，在用户计算机上使用。

打包文件的具体步骤如下：

1. 准备打包

首先将要打包作品的所有文件放在一个文件夹中，目的是确保多媒体应用系统在任何 Windows 环境下都能顺利运行。这些文件不仅包括作品的源文件，还包括一些相关联的文件，如与当前程序有链接关系的库文件、驱动程序文件、字库文件、外部媒体文件（如数字化电影、声音文件或图片）、外部数据文件、外部函数、安装程序文件等。

需要说明的是，有些作品可能要把一些特效文件或播放器等文件与多媒体作品放在一起发行，而且最好放在同一个文件夹中。例如，如果在插入图形、图像、声音时选择了

"链接到外部文件"选项，那么这些文件并没有导入到程序中而只是与程序建立了链接关系，因而也是外部文件，也要一起复制。

例如，如果多媒体应用系统中包含有转换特效或特技，以及 AVI、FLC、MOV 和 MPEG 等格式的外部动画文件，那么在打包时，就要将实现各种特效的 Xtras 文件夹及 a6vfw32.xmo，afmpeg32.xmo，a6qt32.xmo 等三个动画驱动程序文件复制到打包文件的同一目录下。

2. 开始打包

当要打包的所有文件都准备好后，就将这个多媒体作品打开，然后选择"文件"→"发布"→"打包"菜单，出现"打包文件"对话框，如图 8-37 所示。

在弹出的对话框中，打包文件（Package File）下拉列表框有两个选项，可将作品打包成不同的类型。这两个选项分别是：

（1）无需 Runtime（Without Runtime）

使用这种选项打包的应用程序并非可执行文件格式，而需要 Runtime 引擎的 .a7r 格式，即要用 runa7w32.exe 应用程序来运行这个文件。如果将 Runtime 引擎文件和作品分别打包，一定不要

图 8-37 打包文件对话框

在发行时漏掉，如果用户机器中没有这个引擎，那么将不能执行交付的作品。

（2）应用平台 Windows XP, NT and 98 不同

使用这个选项打包后的文件扩展名为 .exe，可以独立在 Windows 9x、Windows NT/XP 等 32 位操作系统中运行。需要注意的是要把 Xtras 的文件夹一同分发。

同时，这个对话框中还有 4 个复选框，其作用如下：

- 运行时重组无效的链接：在运行程序时，自动恢复断开的链接。无效的链接是由于图标删除等原因造成图标 ID 的不一致。
- 打包时包含全部内部库：将当前作品链接的所有库文件都作为打包文件的一部分。这样会使程序所占磁盘空间大大增加。
- 打包时包含外部之媒体：选中该选项，Authorware 将当前作品中使用的外部媒体作为打包的一部分，但不包括数字电影和 Internet 上的媒体文件。
- 打包时使用默认文件名：选中此项后，在打包时，生成的可执行文件名与 Authorware 应用程序的文件名相同。如果不选此项，那么将出现一个提示对话框，要求选择设置文件夹和文件名的文件保存。

3. 形成分发作品

设置完毕后，单击"保存文件并打包"按钮，弹出文件保存对话框，单击"保存"按钮后 Authorware 开始打包动作。这样，一个可以分发的作品就形成了。

8.6.2 库文件打包

对库进行打包时,既可以与程序同时打包,也可以单独对库进行打包。如果有多个发布文件都含有相同的库文件链接,则可以将公用的库文件单独打包。

操作方法如下:
- 选择"文件"→"打开"→"库",在弹出的"文件浏览框"中选择要打包的库文件(.a7l),单击打开按钮,屏幕上会出现库文件窗口。
- 然后选择"文件"→"发布"→"打包",在弹出的"打包库"对话框中根据需要设置相应的选项。
- 最后点击保存按钮即可。

8.6.3 制作自启动光盘

如果选择光盘作为自己的多媒体作品的发布载体时,可以将其设置为自启动的光盘。自启动光盘是指在计算机操作系统允许光盘自动播放的情况下,在光盘驱动器中插入多媒体光盘时,将自动运行指定的程序。

制作自启动光盘时,首先必须已经打包并制作好了一个程序,然后将程序中用到的各种源文件、支持文件、驱动文件和外部组件等都准备好,并放置在指定的目录中。例如在 D 盘新建一个 CDROM 文件夹,该文件夹用于存放整个程序中的所有文件,然后在 CDROM 目录下分别创建 VIDEO 文件夹和 SOUND 文件夹,分别用于存放程序中使用到的外部视频文件和外部声音文件。完成上述操作后,还要将打包并发布过的程序文件也复制到 CDROM 目录中。

接着就要自己编写一个简单的自启动配置文件。

打开记事本,创建一个名为 autorun.inf 的文件,文件内容是:

// 用以引导程序的自动运行

[autorun]

// 指定运行的对象程序

open = file.exe

// 指定驱动器的显示图标

icon = icon.ico

注意,这里的 file 表示要自动运行文件的文件名,icon 表示光盘的图标名。然后将 autorun.inf、icon.ico 和 Authorware 的打包文件一起刻入光盘。

最后将制作好的光盘放入光驱,即可实现演示光盘自启动。

【本章小结】

Authorware 自 1987 年问世以来,其面向对象、基于图标的设计方式,使多媒体开发不再困难。Authorware 成为世界公认领先的开发 Internet 和教学应用的多媒体创作工

第8章 基于流程的创作工具 Authorware

具,被誉为"多媒体大师"。Authorware 的版本不断更新,功能不断增强。本章简要介绍了 Authorware 的基本特性、新增功能以及软件的界面等,其中重点讲述了 Authorware 的动画功能和交互功能,并以具体实例说明。最后对多媒体作品的打包发布等进行了介绍。

习 题 8

一、选择题

1. 指向流程线的一只"小手"称为_____,表示当前操作的图标在流程线上的位置。
2. 在 Authorware 中,_____图标是设计流程线上使用最频繁的图标之一,在该图标中可以存储多种形式的图片及文字,同时还可以放置函数变量进行动态运算。
3. 在 Authorware 中,结束等待有_____、时间控制和_____方式。
4. 在 Authorware 中,建立一个交互结构需要具备交互图标、_____、_____、和_____等四个要素。
5. 交互结构中,附属于交互图标的其他图标称为_____,该图标所处的分支称为_____,且都有一个与之相连的_____。

二、选择题

1. 一般地,可以在显示图标中将一个变量用_____符号括起来,进行变量显示。
   A. [ ]　　　　　　B. { }　　　　　　C. ( )　　　　　　D. < >
2. 下列说法不正确的是_____。
   A. 条件语句由条件、任务和一些操作组成
   B. 根据条件和任务的多少,条件语句可以分为单任务、双任务及多任务条件语句
   C. 循环判断语句在条件满足的情况下,重复执行的代码程序被称为循环体
   D. Authorware 支持的循环判断语句结构都以 Repeat 开头,以 End Repeat 结束
3. 通过设置某一图片或文字的轮廓为热区的交互方式被称为_____。
   A. 热对象交互　　　　　　　　　　B. 热区域交互
   C. 目标区交互　　　　　　　　　　D. 按键交互
4. 下面关于创建交互说法不正确的是_____。
   A. 交互图标本身具有显示功能,可以将要显示的内容直接放在交互图标内
   B. 如果要在交互图标内嵌套交互图标,那么就需要借助群组图标实现
   C. 除了交互图标外,其他任何图标都可以生成交互分支
   D. 一个交互图标可以包含一个或多个分支,并且多个分支只能是同一种交互类型
5. 在选择"到终点停止"选项后,当在目标文本框内输入"320"时,则将其定位在_____。
   A. 终点　　　　　　B. 起点　　　　　　C. 中点　　　　　　D. 320 位置处
6. 如果要将显示窗口的背景设置为红色,下列操作正确的一项是_____。
   A. 在显示属性面板中设置
   B. 在擦除属性面板中设置

C. 在文件属性面板中设置
D. 在视频属性面板中设置

7. Authorware 7 提供的基本设计图标中，下面_____种设计图标可以用来容纳多个设计图标。
   A. 运算图标　　　　B. 群组图标　　　　C. 显示图标　　　　D. 移动图标

8. 如果希望通过一片透明的区域响应用户的单击操作，应使用_____响应类型。
   A. 热区域　　　　　B. 热对象　　　　　C. 目标区域　　　　D. 按钮响应

9. 为程序语句加上注释，需要在语句与注释之间加上_____。
   A. ––　　　　　　　B. ：　　　　　　　C. ♯　　　　　　　D. &&

三、简答题

1. 移动图标的表现主要有哪几种运动形式？请简要介绍。
2. 在 Authorware 中，如何创建一个新变量？
3. Authorware 支持的变量类型有哪些？
4. 变量和函数一般用在程序的什么地方？
5. 使用 Authorware 发布一个作品时，通常有哪些步骤？
6. 请利用 Authorware 来制作一个钟表，实现时针、分针和秒针的正确运行。
7. 请利用 Authorware 来制作多项选择题。

参考文献

[1] 林福宗. 多媒体技术基础 [M]. 北京：清华大学出版社，2002.

[2] 钟玉琢. 多媒体技术 [M]. 北京：清华大学出版社，1999.

[3] 曹加恒，李晶. 新一代多媒体技术与应用 [M]. 武汉：武汉大学出版社，2006.

[4] 张正兰，鲁书喜，张明. 多媒体技术及其应用 [M]. 北京：北京大学出版社，2006.

[5] 胡晓峰，吴玲达，老松杨，等. 多媒体技术教程 [M]. 北京：人民邮电出版社，2005.

[6] 赵建保，黄军辉. 实用多媒体技术与开发工具 [M]. 北京：电子工业出版社，2003.

[7] 王建峰. 多媒体技术及应用 [M]. 大连：大连理工大学出版社，2007.

[8] 余雪丽，陈俊杰. 多媒体技术与应用 [M]. 北京：科学出版社，2007.

[9] 赵永吉. Authorware 6.0 多媒体制作技术与实例 [M]. 北京：中国水利水电出版社，2002.

[10] 林丰. 多媒体技术 Authorware7.0 中文版 [M]. 武汉：武汉大学出版社，2006.

[11] 王立新. Flash 基础教程与创作实例 [M]. 北京：中国水利水电出版社，2007.

[12] 王强. 网络动画创作与编辑 [M]. 武汉：武汉大学出版社，2007.

图书在版编目(CIP)数据

多媒体技术与应用/方明科,倪永军,汪金友,李蕾,冯岩编著.—武汉:武汉大学出版社,2009.5(2014.8重印)
高等院校计算机技术系列教材
ISBN 978-7-307-06915-2

Ⅰ.多… Ⅱ.①方… ②倪… ③汪… ④李… ⑤冯… Ⅲ.多媒体技术—高等学校—教材 Ⅳ.TP37

中国版本图书馆 CIP 数据核字(2009)第 033054 号

责任编辑:杨 华　　　责任校对:黄添生　　　版式设计:詹锦玲

出版发行:武汉大学出版社　　(430072　武昌　珞珈山)
　　　　　(电子邮件:c鈘22@whu.edu.cn　网址:www.wdp.com.cn)
印刷:湖北民政印刷厂
开本:787×1092　1/16　印张:12.75　字数:303千字　插页:1
版次:2009年5月第1版　　2014年8月第3次印刷
ISBN 978-7-307-06915-2/TP·330　　定价:22.00元

版权所有,不得翻印;凡购买我社的图书,如有质量问题,请与当地图书销售部门联系调换。

高等院校计算机技术系列教材

书 目

计算机基础教程

C语言程序设计

汇编语言程序设计

计算机网络

微机原理与接口技术

操作系统（Windows版）

互联网使用技术与网页制作

Java语言程序设计'

计算机网络管理与安全技术

Visual Basic 语言程序设计

Flash 动漫设计基础

办公自动化教程

计算机组成原理与设计

电子商务概论

多媒体技术与应用

数据结构